所有的奋斗
都是一种不甘平凡

李栩然 著

s t r u g g l e

中国出版集团 现代出版社

图书在版编目（CIP）数据

所有的奋斗都是一种不甘平凡/李栩然著．—北京：现代出版社，2017.8
ISBN 978-7-5143-6341-8

Ⅰ．①所…　Ⅱ．①李…　Ⅲ．①人生哲学—通俗读物　Ⅳ．①B821-49

中国版本图书馆CIP数据核字（2017）第188707号

著　　者　李栩然
责任编辑　杨学庆
出版发行　现代出版社
地　　址　北京市安定门外安华里504号
邮政编码　100011
电　　话　010-64267325　64245264（传真）
网　　址　www.1980xd.com
电子邮箱　xiandai@cnpitc.com.cn
印　　刷　三河市国英印务有限公司
开　　本　880mm×1230mm　1/32
印　　张　10
版次印次　2017年10月第1版　2017年11月第2次印刷
标准书号　ISBN 978-7-5143-6341-8
定　　价　39.80元

自序
没试过拼命奔跑，谈什么岁月静好

这个世界并不是平的。

这是我在小学三四年级时，才学到的地理常识。

那是一所偏远简陋的希望小学，坐落在一片长长的丘陵下。丘陵的后面是山，山的后面还是山，再往后依旧是绵延不尽的山。

学校里没几个专职老师，大部分老师上课时衣冠整洁，放学后裤腿一挽就成为地道的农民，在自家的一亩三分地里劳作刨食，满身泥浆。

学生们也不太想读书，这么多年了，从这所学校考进县里读中学的屈指可数。大部分人小学毕业后就在附近的乡镇初中读完了事，然后开始无止无休的打工生活。

还有一部分人，初中没毕业就开始四处打工。到二十出头，经乡里人介绍，开始谈恋爱。再过个一两年，耗尽全家心力，翻修房子，举办婚礼，生下孩子。孩子长到五六岁后，又开始在这所希望小学上课。

在我的老家，无数人的命运就是这样兜兜转转，最后还是回到了原点。就像是按部就班地完成了一场已经写好剧本的人生长戏，无惊无险，不喜不悲。

那些大城市里才会有的高楼大厦、五光十色、车水马龙，在当时的我想来，遥远得就像是在另一个世界。

直到小学四年级的时候，从城里来了一位年轻的老师。

他上过大学，坐过飞机，到过很多遥远的地方，而且还会用电脑。他给我们上一门叫作“社会”的课，从来不备课，上课就是给我们讲那些他走过的地方、看过的风景。他所说的话，让我们惊为天人。

那时，已经是20年纪90年代末期，我们这群大山里的孩子才在泥巴、荒草、农活和耳光之外，第一次知道了那些课本和课外读物里讲的东西，真的都存在。

更重要的是，他告诉了我们：只要你们翻过这些山，就会看到外面更大的世界。

这个老师姓张，他影响了我们整整好几届学生。

许多年以后，我们中的很多人真的翻过了这些山。进了县城，出了省，到了北京，有些人还去了国外。

早些年，我和同样从村里考到大城市，毕业后就留在城里打拼的建哥聊天。我们谈到为什么要付出这么多，为什么要这么拼命。最后得出了一个结论：老家工资低，什么都要靠关系，大城市机会多，更看重能力……这些其实都是外在的东西。

真正驱使你离开老家去不断奋斗的原因，只有三个字：不甘心。

世界大不大，你不走出去看看，怎么会知道。

这条从山里走出来的路，十分漫长而又琐屑，充满艰辛和困惑。

除了上学，很多时候我并不知道该做些什么。小学和中学的每个周末，我都要上山去放羊，赶着家里的羊群在山上一待大半天。这些羊卖掉后的钱，成了我在县里上学所需的学费和生活费。

羊在吃草，我则去挖挖野草、野花、野荸荠，捡捡好看的石头，有时候还会放放野火。更多的时候，是坐在山顶的一个乱石头堆上看书。那座乱石堆因为太偏远，空无一人，只偶尔看见一个乞丐从那里路过，一个叫陈老六的疯子在附近游荡。

我埋头看着那些书，有时候看得兴起，会突然一跃而起对着山下大声吼叫，但声音传不了几处树林子的距离，便消散在了风中。

在山间旷野，再奋力的呐喊，也会变得苍白无力。

无数个洒满落日余晖的傍晚，我会一个人腿上绑着两条沙包，在尘土飞扬的乡间土路上跑得飞起，风从我耳边呼呼地吹过，带来了远方的气息。

跑完步，我就把自己的一条腿吊在院里的冬青树上，一边拉韧带，一边看手里的书。

除此外，我还用废弃的门板锯了一块画板，假模假样地支在山坳里学画画；用掏空的柚子做的足球在半山坡上练射门；用硬纸板画的 201 键盘，噼里啪啦地练五笔打字；冬天的时候坐在屋檐下算数学题，偶尔手冻得拿不了笔了就去院里劈柴暖一暖……

一无所有又一无所知的年纪，做所有的这些事情，我都不知道有什么用，只是为了不让光阴虚度，总得要找点什么事做。

很多时候，我们做很多事情，不是因为知道这件事能成功，而是因为相信它是对的。

更重要的是，我们期待着，终有一天，时间会证明它是对的。

因为起点太低、眼界太窄，成长路上几乎走几步就绕一次弯，但再跌跌撞撞，再百转千回，我从未放弃过往前走。

人生最大的遗憾不在于“我做不到”，而在于“我本可以”。

走了那么多年，终于完成了这一场长途奔袭，走到了我在山里时曾无数次梦想过的地方。

我不仅到过大城市，还留在了这里；我不仅留在了这里，还有了自己的事业、朋友和更高的目标。

这些年里，我不断地去追问自己，这一路到底是怎么走过来的？遇到的那些坎都是怎么迈过去的？那些绕过的弯路、摔过的跟头是不是原本可以避免？

我花了很多的时间去观察、去总结、去思考，就是为了求得一个答案：

到底是什么决定了我们这一生？

所有的这些思考和回答，很多我在知乎和微信公众号里分享过，还有一些，我写进了这本书里。

我相信，翻开这本书的人，以及那些在知乎和微信关注我的人，很多都是十几二十多岁的年轻人。

怀揣梦想，充满期待，不甘平凡，但又不知该如何突破。

束缚着我们的，可能是家庭的贫寒，是日复一日单调的生活，是父母无止境的争吵，是失败的婚姻，是毫无起色的工作，是看起来永远也买不起的房子……

在这样的困境里，很多人都曾经有过奋力一击的努力。但往往徒劳无功。在很多次的徒劳无功或是原地踏步后，很多人终于选择了放弃。就像《肖申克的救赎》里说的：

你所面对的围墙是很有意思的东西，一开始，你痛恨周围的高墙；慢慢地，你习惯了生活在其中；最终，你会发现，自己不得不依靠它而生存。

梦想还在，但我们已经习惯了将它放在心底一角，尘灰满布。早已忘记了，当初它也曾在鲜红的血液里，沸腾流淌的模样。

从这个角度讲，写下这本书，也是为了给那些不甘平凡的人，以一点鼓励和希望。

希望有一天，你也能像电影《肖申克的救赎》里的安迪那样，凭借着日复一日一点一点的努力，终于有一天，突破了瓶颈，闯出了“监狱”。

大雨滂沱，张开双臂，去迎接属于自己的自由：不是从心所欲的需求，而是自我主宰的命运。

电影《师父》里，反反复复都在问一句话：能不能教点真的?

在功夫的世界里，花架子摆得再好看，套路打得再繁复，名头叫得再响亮，打不了人，都是虚的。

现实世界里，鸡汤熬得再好喝，故事写得再动人，口号喊得再整齐，解决不了问题，都是假的。

我写的这一切，也都是真的。

这些思考和做法，曾真正帮助我走过了人生中最关键、最艰难的几年。

如果这本书可以真正帮助到你，解决你的问题，将是我莫大的幸福。而我会一直和你一起，继续成长。

from

李栩然

目录

contents

1 Part 世界上没有白走的路

2 Part 从实习生到第一次晋升，我只用了 20 个月

3 Part 现实很残酷 除非你足够强大

4 Part 你现在的生活方式，决定了你未来的打开方式

所有的奋斗
都是一种不甘平凡
s t r u g g l e

世界上 没有白走的路

Part 1

One

哭完了，就爬起来继续奋斗

许多年来，我对奋斗、励志这一类的说教不屑一顾，一直靠着“小聪明”保持着进步；比如在很小的时候就可以算清楚鸡兔同笼的问题，可以背得出很多诗文，看《十万个智斗故事》和《大百科全书》……

于是，在成长的道路上，我无数次让自己陷入万劫不复的境地，再通过死而复生，重新赶上大部队，似乎不这么折腾自己就无法挥霍那些“小聪明”一样。

算得上真正意义的奋斗可能就是高三时的冲刺和工作第一年的考研，但结果却都是棋差一步，功亏一篑。

毕业第一年，定下了边工作边考研的目标。每天 8 小时上班后，晚上再复习 8 小时，几乎是从零开始准备考研；而英语上欠下的巨大债务，更折磨得我死去活来。

每天我的内心都处于极度的纠结中，上班的时候心里不时想起的是几篇阅读没做、单词背了多少遍、到底要不要辞职一类的。和经理、同事开会的时候，往往笔记本里还会夹着一张英语单词的卡片——我之前英语基础确实太差了。不过付出确实有回报，毕业时英语六级都过不了，第二年考研却考了近 70 分。

到了下半年要考试的那段时间，更是每天都像在拍谍战片一样，和同事、领导打着心理战，只是晚上的复习时间已明显不够，于是每天上班时间都会偷偷背材料，而经理就坐在我对面，压力巨大。

一边是日渐繁复的工作，一边是强度加大的复习，既恨不得把每段时间乘以 2 来用，更恨不得把自己劈成两块来使唤。

最后身体扛不住了，就在考研头一天高烧到 39℃，但工作的事情太多，打了点滴后，当晚还得接着加班。

人在特殊的时候总会能激发出特殊的能量，几个小时后，我竟然退烧了。

第二天的考试一切正常，结果却是三分之差，大半年的努力付之东流，虽然仍可以调剂，但对我而言已经没有了意义。

这个没有结果的过程，也就仅仅变成了“抓住青春的尾巴最后燃烧了一把”。

考研失败后，我把精力都用在了工作上，尝试各种以前没有做过的事情，去看各种牛人的总结和经验，去尝试让每份工作的完成都超出领导的期望，结果就是——从转正到季度、年度考核，我的绩效从没有低于一等。

我给自己做了一个 Excel 表，花的钱、存的钱，全部都在上面，清晰而明了；每个月固定到银行存钱，看着存折上的数字一条条增长，心中充满了满足和欣喜；存款后剩下的钱，每几个月都固定去买股票基金；在上班的间隙，看看书，学学软件，PR、AE、PPT、PS……上各种各样的网站看资料；下班的时间，不是去运动，就是去上各类补习班；每个周末，雷打不动地去健身、跑步、上自习……

那些曾经颓废的日子似乎已成了上一个轮回的记忆，那些忧伤的体验似乎已离我渐行渐远。我的规划里，有了买房的打算。一切似乎都已经走上正轨，正沿着一条我看得见的明媚的道路前进。

直到我工作两年后的春天。

父亲得了几年的病终于确诊，结果却是晴天霹雳，那是一种治不好的病，没有任何痛苦，但却会慢慢地将病人扼杀。

我在网上查到这个被称为“渐冻症”的病后，身体就像真的被冻住了一样，几乎没有力气再看第二眼。

然后，我开始联系医院，北京、上海、广州——而老家那边最好的几家医院都明确表示拒绝接诊，最后还是选择了协和——因为他们几个海外归国的所谓博士、专家告诉我，他们有一种新的疗法，对这种病有效果。

确定好一切后，我到银行把存了一年的钱取出来，没想到的是，存折取钱居然是根据之前的“零存”，一笔一笔地取，那种取法，就跟凌迟一样。

4 月，父亲在母亲的陪护下到北京来接受治疗。

那是一种很贵却不可靠的疗法，每天打的针药差不多800多块钱，去医院做一次腰穿要1万多，父亲在医院住院的时候，我接到最多的电话就是医院打来的：您好，您能不能尽快到医院续费，以便我们进行后续的治疗。

父亲治疗了两个月，我的路线就是，公司——医院或父母租住的地方——自己住的地方。

周而复始。那段时间里，父母亲的体重都下降了很多，而我则在时隔多年后，再一次降到了一百斤左右。很累的时候，只能咬紧牙关，咬到牙都酸痛。

那段人生中艰难的岁月，让我一瞬间成熟了许多。

5月，我骤然接手同事的外事管理工作，经常办完事情，就直接打车去医院，在父亲的病房里，待到很晚才回去。

那段时间，我每次到外交部办事，走出来看着明亮的天空，就会觉得难过。

两个月后，父亲受不了了，没有任何起色，没有任何效果，身上扎的针眼密密麻麻，原本很精神的他整个人开始委顿，勉强撑起自己说要回家，理由是：太热了。

6月送父亲回家时，我就知道，我们都已经无能为力，一切都在向着那个最坏的结果发展着，我迟早会接到家里告知父亲病危的电话，甚至于那段时间很怕接家里的电话。

但是我不知道的是，这个电话会来得那么快。

端午节从南京回来后不到半个月，便接到了家里的电话，家人在电话里勉强镇静地告诉我，回来吧，父亲情况不是很好。

当天的太阳很大，我站在体校门口正准备去买个好看的泳帽，接到电话的瞬间便浑身冰凉，连哭的力气都没有了。

父亲是个很固执要强的人，不到最后一刻，是不会让我回去的。我所买的股票价格已经惨跌了一半，但看着卡里所剩的寥寥余额，还是咬牙卖了几乎全部股票；那时候家里和我为父亲治病几乎弹尽粮绝了，而回家肯定还需要一大笔的钱。

我回去后，陪着父亲度过了在这个世界上的最后二十几个小时，他神志一直很清醒，拒绝进入ICU。

当天下午从省城医院回来，家里的床头站满了他那些同样年迈的同事和悲伤的亲戚，我一直握着他的手，直到冰凉，回忆和父亲在一起走过的点点滴滴，我们都没有说话，我是难过而不能开口，他是虚弱而发不出声，我没有哭，但父亲眼里却全是大颗的泪。

——这是我一生中唯一的一次看到倔强的父亲落泪。

8月，结算了父亲的医药费和丧葬费，安顿好母亲后，我带着严重透支的信用卡、一张余额为零的存折和价值缩水一大半、所剩无几的股票，回到北京。站在房间里，感觉一切又几乎回到了两年前的原点，一切都需要从头来过，甚至，还不如两年前，因为那时我至少没有欠债，那时候我还有父亲做我最后的依赖。

两年啊！那些怀着梦想、淌着汗水度过的几百个日日夜夜，就这样消失于无形。

在《挪威的森林》里，永泽对渡边说：不要同情自己！

我对自己说：我还年轻，一切都将会再开始。

9 月，因为上半年照顾父亲、请假欠的工作债开始全部压过来，每天都在加班，忙到甚至无暇去怀念父亲；11 月底，终于还清了全部欠款；12 月，大半年来存入了第一笔钱……

是的，一切都将会再开始，但却并不一定是从头开始。

转眼间，父亲已过世五年多了，我也已经重新站起来，在北京这座城市里安家立业。

在经过了前几年的异常悲伤后，我已渐渐平静，虽然几乎每天都会想起他，想起他跟我散步、打球、聊天、下棋、种花、养鸽子，想起小时候他常在干净的院子里劈柴，而我则在洗衣板上写作业……

我还是很瘦，吃了很多肉仍然没有补起来；我每周都会看看娱乐节目或是电影，每周都会去跑跑步，去道馆练练武术，和同事打打球，生活仍然在继续，悲伤却不能再延续。

在命运面前，我抒了很多年的情，忧伤了很多年，可仍然于事无补；我母亲信了很多年的佛，也仍然是无能为力；我父亲当了一辈子春蚕，做了一辈子的老好人，可还是无可奈何。

我该感谢这命运！它让我更进一步地了解了自己，知道了自己的执着与懈怠、脆弱与坚强；每次在我以为即将由崎岖的山路走上坦途、由动荡走向平和的时候，告诉我：不，没有那么简单。

它至少让我的人生不至于平淡到寡然无味，一路上回顾时会有那么多动人的故事，充满了跌宕起伏和峰回路转，让我在每一次大骂命运不公的时候，心里同时会燃起凭双手去努力改变的熊熊火焰。

但是，有时候想想真的很想哭。如果能够选择，我宁愿选择一个一路坦途、平和简单的道路。可惜，**命运从来不会跟你商量，你没有和它谈判的资格，更不用感叹它的不公；你只能定下目标，不能定下结果。**

史铁生说：命定的局限尽可永在，不屈的挑战不可须臾或缺。

绝望与希望、失落与惊喜、成功和失败，不正是硬币的两面？当你从兜里掏出来的时候，你怎么知道会是哪一面？你只有接受已经掏出来的这一面，然后去试着重新掏下一枚硬币，直到你掏出了自己想要的那一面。

奋斗究竟有没有意义？什么叫有意义的奋斗？

奋斗和所谓的“成功”有关系，但也不至于必须有关系，奋斗可以是一种认真的态度，可以是一种努力的行动，可以是一种对待生命的哲学，可以是经历生活里的一段过程，还可能，就在于那一种感觉：

就是酣畅淋漓地打一场球后，畅快地喝冰冻的可乐；

就是悲伤郁结的时候，痛痛快快地哭一场；

就是忙碌地完成一天工作后，洗完澡躺在床上，舒服地看看电影；

就是听到动人的歌曲，读到喜欢的文章，见到喜欢的人；

就是为了那梦想的一种可能去追求……

父亲的骤然离世，在让我悲伤的同时，也让我第一次认真思考乔布斯的一句话：

让我能够做出人生重大抉择的最主要办法是，记住生命随时都有可能结束，记住自己随时都会死去，这是我所知道的防止患得患失的最好方法。

我终于承认，小聪明解决不了大问题，人还是需要努力地奋斗。

我们必须信赖某些东西——直觉，归宿，生命，执着，还有耐力，等等。做这些从来没有让我的希望落空过，而且还彻底改变了生活的抉择。

所以，我会继续对自己说：燃烧吧，小宇宙！

总有一代人
要背井离乡

01

我和建哥的小学，是在一所希望小学里上的。

二年级的时候，县里要组织各小学进行合唱比赛，我和建哥都参加了学校临时成立的合唱队。

但因为穷，请不起专门的老师，所以只能放学后自己练。学生们根本不会唱歌，那种旋律复杂的歌曲练都练不来。最后选了一个很多山里小孩儿都会的民歌童谣，勉强唱整齐了。

到了比赛那天，每个人要穿黑裤子、白衬衣、白胶鞋。许多人都是去别人家借或者穿父母的，长的长、短的短。

胶鞋也买不起新的，回家洗了又洗还是没办法洗白，只能互相用粉笔在发黄的地方一层一层地涂，一路走一路掉灰。

比赛的地点是县里的礼堂，那是我们第一次去那么高级的地方。在我们唱之前，我和建哥因为紧张，一起去上厕所，在门口正好碰到几个县里城关小学的学生，年龄跟我们差不多，但个头比我们高出一大截。

他们也是来参加比赛的，穿着崭新的黑西裤白衬衣、擦得发亮的黑皮鞋，还系了漂亮的领结。

看到我们的样子，他们眼里露出明显的鄙夷和瞧不起，使劲把我们往外推，不让我们上厕所。

我和建哥稍微反抗了一下，就被他们推在地上，涂了粉笔灰的白胶鞋也被踩黑了。

我们不敢哭，也没有告诉老师，就那么忍着泪憋着一口气唱完了整首歌。

02

后来，我和建哥一起考上了县里的初中，又一起考入了重点高中。

那段求学的日子，除了学习成绩，我们一无所有。因为贫穷和老实，曾很多次被县里的孩子欺负甚至敲诈。

那些当年欺负过我们的孩子，他们的父母有的是县里的领导，有的是当地沙厂的老板，有的开着公司，有的炒着房地产……我很想告诉你们，这些孩子因为不学无术所以长大后一事无成，最后坐吃山空过着穷困潦倒的生活。

但那只是童话，现实却是——他们在县城里过着远比很多人要轻松舒适的生活。有关系的，进了政府部门，有钱的，做起了生意，或者子承父业开起了公司，他们早早地买了房买了车，娶了漂亮媳妇儿。

说真的，人们很多时候都低估了这种三四线城市里的人情关系与父辈资源的威力。

在越小的地方，这两者越容易联手，可以轻易地堵死你凭借个人能力超越他们的机会。

我毫不怀疑，如果当年我和建哥没有考上大学，或者毕业后回去，很可能今天也就是在他们手下做事或打工，为了每个月两三千块的收入，拼尽全力。

03

幸运的是，我和建哥考上了大学，进了大城市，见到了更大的世界。

虽然建哥高考考得并不好，最后只能去了天津一所三本院校。毕业后从很基础的工作开始干起，一年的工资还不够回家一次的花费。但现在他也已经是一个房地产公司的小领导，一个月的收入可以在天津买一平方米房子了。

经过了这么多年的努力，我们终于在大城市里站稳脚跟。

现在可以说，我们一点也不比那些小县城里的公子少爷们过得差，那些儿时的贫穷和屈辱，就像是上辈子的回忆那样遥远。

我们的下一代一出生就将毫无疑问成为城里的孩子。我一定会教育他：不要去瞧不起或者欺负那些农村来的孩子，因为你每天习以为常的东西，在他们那里可能就只在幻想里出现过。

这些年，生活教会了我很多道理，其中很重要的一条是：**不要矫情。**

穷就要承认，没钱就要努力去挣，这没什么好丢脸的。在自己还很年轻、家里还很缺钱的时候，找个小地方，养养花草，看看书，旅旅游，唱唱歌，告诉自己：我在过一种诗意的生活。或许，很可能是你还没有见识到这个社会残忍的真相，更可能，你以为生活巨大的不幸绝不会降临在自己身上。我曾经也这么认为。

04

父亲重病的第三年，是我最艰难的时候。我在这座城市里举目无亲，没有谁可以依靠，每天都在苦苦挣扎。有天夜里，在医院陪着父亲做完手术，然后坐车回单位，在一个公交车站换乘，看着面前灯火辉煌的百米高楼和人来人往的街头，清冷的夜色里，我蹲在地上哭成了一个傻子。我那时候不明白，自己为什么一定要过这么艰辛的生活。

现在我明白了：因为，你没有选择。**总有一些人，无论在哪儿，都只能拼尽全力地活着。**

说实话，北京的生活真的很难。我也并不是鸡汤贩卖者，没有什么一步登天一夜暴富的“成功学”经验。我有的只是一步一步脚踏实地往前走，一点一点地积累。

我想起来，小学二年级时，我和建哥曾参加过的那次歌唱比赛。

我们没有钢琴伴奏，没有好看的西装裤和白衬衣，白胶鞋被踩满脚印，唱的歌没有复杂的和声，甚至都没有什么旋律。那只是一首很土的儿歌，但我们却唱得很认真。最后的结果是，我们拿了第一名。

从那时起，我就相信，只要给我们站上舞台的机会，我们并不比任何人差。

而大城市，就是这个舞台。

05

就在父亲去世后，我再次面临同样的抉择：留在北京还是回老家？

那时的我租住在北京的一个小单间里，只留下年逾六旬的母亲一个人住在山里的老家。

每次打电话回去，母亲都告诉我她很好，让我好好工作。

但每当我想到，母亲要一个人在冷冷清清的家里自己做饭、自己吃饭、自己干农活、自己和自己聊天……就觉得非常难过。

出来这么多年，第一次，我真的动了回老家的念头。

瞒着母亲，我报考了老家的公务员；同时，我还在网上接连投了好多老家的单位，其中有一家，是在离老家仅仅几公里的镇上，一个不大的工厂。他们领导跟我电话聊了几次，基本确定要我了。

工资虽然不高，但我回去工作，就可以每天都住在家里，陪着母亲吃早饭、晚饭，甚至中午骑个电瓶车也能回家吃午饭，周末还可以和母亲一起干干农活，去赶个早集……

在下决心回去之前，我犹豫了很久，自己做了一个假设：如果我真的回去了会怎样？

那我就能陪着母亲住在家里的老房子里，过着轻松简单的生活，我可能还会在老家附近找个家境差不多的老婆，然后生个小孩，孩子在镇上上小学，如果他成绩不错，还可以考到县里去读中学，然后再参加高考，然后再到省外读大学，然后……

好熟悉的场景，一如我现在。

是的，我自己就是这么一路走出来的，从山里走到县城，从县城走到大城市。如果我选择回老家，我的后代将会继续复制我曾走过的这条路。

更重要的是，因为老家的收入不高，一旦我回老家后母亲身体出现什么状况，我将不可能像在北京工作时那样，轻轻松松地将她接到北京来就医。

所以，我最终选择留在了北京，并且，更努力地奋斗着。

又过了几年，我终于定居在北京，成了家。然后，将母亲接到了这里，每天晚上，我和爱人陪着母亲一起吃晚饭，周末，陪着母亲去逛公园。

而我那几乎从未离开过农村老家的母亲，则第一次坐了飞机，第一次出省到了北京，第一次吃上了烤鸭，第一次进了电影院，第一次去国家大剧院听了交响乐……

06

过年前，陪着母亲去奥林匹克森林公园走了走，爬到仰山上，给母亲照了一张照片。母亲已经六十多了，这两年却越活越年轻，本来白掉的头发竟然慢慢变黑了，还学会了很多城里年轻人的姿势，比如——剪刀手。

对母亲而言，大城市里的一切都是那么新奇，一切又都是那么美好。有一天晚上，我和母亲坐在家里看电视，屋外寒风凛冽，屋内温暖如春，母亲突然很感慨地说：我真是没想到我这辈子还能过上这样的生活啊……你爸要是还在，该有多高兴啊……

我的眼里瞬间充满泪水。

在那一刻，我觉得，我在这城市里所有的拼搏、所有的付出，都是值得的。

世间道路千万条，没有哪条路是唯一的一条。许多时候，大城市或者小城市也不过就是围城，真正应该选择的，是自己能接受的、最适合自己的。

说到底，在哪里生活都一样有苦有乐，有遗憾，也有抱怨。

如果你和我一样出身农村，身上背着很重的负担，同时又希望能有所作为，那你可以尝试在大城市里闯一闯、拼一拼。

这其中当然会有很多的痛苦，包括现在，我也只是奋斗路上的普通一员，工作、房贷、生活……每一样都如重担一样压在身上。

我的老家在西部，是一个悠闲、家居的地方，在那里生活压力当然会小很多，我又何尝不知道我选择了一条更艰难的道路，我又何尝不想时不时地回趟老家？

但总要有一代人背井离乡，从农村到城市去，为自己，也为家人；因为现实，也因为梦想。

所以，我选择继续留在这里。

别让父母
成为你逃离大城市的理由

春天的北京沙尘肆虐，我在办公室给母亲打电话。她在老家的农村，为儿子在北京有一份好工作而自豪。

在新盖的小洋楼前后，有她自己弄的菜园子和果园子，不大的地儿，却非常丰富。自从几年前父亲病逝后，家里父亲侍弄的那些花儿都枯了或者送人了，草木葱郁的院子也荒了。

母亲从父亲离世的悲伤中走出来后，就在院子里重新开了几块地，种上了些蔬菜和瓜果。果园里有柚子、枇杷、梨子，菜园子里则有白菜、豌豆尖、茄子……

家里种的菜一点化肥都不用，也不会打药，如果长了虫，母亲就戴着手套，一株株地扒拉着找虫子，一个个地用手捏死。

去年清明我回去，早上六点多起来，外面还有前夜薄薄的夜雨留下的水珠，在嫩绿的菜叶子上滚动。

母亲已经开始烧火做饭，煮红薯稀饭，红薯是母亲去年种下后收获的。

我打着赤脚，踩在松软、温湿的泥土里，感到自己和乡村的土地深深地连在一起，摘了几棵青菜，准备清炒后当早餐。

母亲看着我打着赤脚走进房里，似乎想起了我小时候打着赤脚在外疯玩，回到家脚上满是泥土的样子，笑着拉着我去洗脚，舀起一瓢凉水就在菜园子边上冲。

吃完早饭，母亲会走上十多里山路去赶集，买点日常用品，或者到村里的亲戚朋友家串门，帮忙干点简单的活；傍晚，母亲又会约上村里几个年龄差不多的老人，一起绕着村子走上几圈，扯扯村里各家的闲事，看天边的火烧云经久不散……

到了冬天，我会把母亲从老家接到北京，让她在北京过年。因为北京有暖气，外面数九寒冬，屋里也能温暖如春。

在北京的这几个月，母亲每天都去菜市场买菜，回家为我们做饭，我们一起吃着家乡口味的晚餐，一起看一些家长里短的电视剧；周末，母亲和我们一起去逛公园、看电影、听交响乐。过完冬天万物复苏，母亲就又回到老家，周而复始。这就是我在北京打拼，留在老家的母亲的日常生活，很平淡但也很祥和。

但这种平淡背后，是我整整五年的努力奋斗——

第一年，毕业找到工作，努力将工作做到最好，努力让自己的绩效总是优秀；

第二年，用两年的收入在老家为父母重新盖了一座小洋楼，让他们安度晚年；

第三年，送别父亲，请了长假陪伴母亲度过最艰难的时光；

第四年和第五年，咬紧牙关更加努力地工作，让母亲在北京也拥有了一个家。

所以，在我看来，留在大城市打拼、父母怎么办，其实就是两个方面的问题：**物质上的保障和精神上的陪伴**。经济上相对自由了，物质上有保障了，很多问题其实也就迎刃而解了。

我母亲在我大学毕业前，已经干了几十年的农活了。快六十岁的人了，还要踩在齐腿肚子深的泥水里插秧，在烈日下打谷，沉重的劳动让她满面风霜，早早就佝偻了背。

但从我工作后开始，她就不需要再去干这些农活了。因为她干农活一年挣的钱，可能也就是我两个月的工资，她只要身体健康，就是对我最大的帮助。

这世界上很难有绝对的财务自由，但却有相对的自由。你在大城市里挣的工资相对于大城市的房价而言，可能并不高，但相对于老家的物价来说却肯定不算低。

所以，用你在大城市里挣的钱，为你父母在老家提供更好的物质保障。要远好于你回到老家，却还要父母帮你操心经济问题。

我有一个在香港工作的朋友，每个月工资两三万港币，在香港就是普通收入，离在香港买房差了十万八千里。但他用一两年的工资，回老家为父母在县城里买了个小两居，让他们安度晚年。

这种经济收入上的不平衡，我称之为“城乡剪刀差”。利用好了这种剪刀差，可以很好地为父母在老家提供更优越的生活，免去自己的后顾之忧。

如果可以，最好能在老家为父母买一套或新盖一个房子。你在大城市里工作几年，基本上都有一定的积蓄，加上父母的积蓄，在老家的农村盖个楼房或者在三四线城市买套小房子不算特别困难，关键是你买了这套房，一方面既可以算是自己的一次小投资，更重要的也是对父母在老家生活的一次重大改善。

记得为父母购买社会保险。很多人一提到买保险，首先想到的都是寿险之类的，其实对你留在老家特别是家在农村的父母而言，更重要的是社会保险，等父母到了一定年龄就可以每月领取一定的养老金，让他们老有所依，也减少对你的经济依赖。

带父母每年去做一次全身体检。体检的意义不仅在于发现身体潜在的问题，还在于全面了解父母当前的身体状况，这可以让你在外打拼时少了很多担忧，而一些小病早发现早治疗，也避免发展严重后对家庭造成巨大打击。

有条件时最好能安排父母每年来城市里住一阵。山不过来，但你可以走过去。你在城里打拼不能经常回家，但经济条件允许，你可以让父母来城市里住住。一方面带他们体验城市生活，享受城市里更便捷的生活条件；另一方面，也可以陪伴在父母身边。当然考虑到大部分老人不习惯城市生活，所以周期性地住一阵再回老家，可能是更好的选择。

而要实现上面的这些东西，需要的都是三个字：钱、钱、钱。

你之所以留在大城市，是因为大城市里机会多、工作好找、收入更高，在这里能让你挣到比在老家更多的钱。这也正是在大城市里打拼的意义，否则何必留在大城市？

说完了物质上的保障，我们再来说精神上的陪伴。这也是让许多人最终放弃大城市里的工作，回到老家的根本原因。

我有一个同学，毕业后去了深圳一家著名的互联网公司，有着非常好的平台和体面的收入，很多人都很羡慕，但因为父亲身体不好，最终选择考了当地的公务员回了老家，成了一名普通的基层干部。工作前途和收入都与之前无法相提并论。

但这一点真的无可厚非，因为我自己也曾在这个问题上反复犹豫，痛苦抉择。特别是在父亲去世后的那段时间里，我每每想到母亲要一个人住在曾经和父亲有说有笑的房子里，就难受得恨不能立马辞职回家。

但我想说的是，不要把在城里打拼和对父母的陪伴割裂开来。你真的以为，你在城市里工作，千山万水，就没办法陪伴父母？很多人和父母住在一起，才真的是互相嫌弃，哪有什么陪伴可言。

陪伴除了共同生活，更重要的应该是“相互交流”。有些人从大城市回到老家，一下子放松下来，每天忙着游山玩水、和同学聚会，或者回到家匆匆吃完饭，就逛淘宝、玩游戏去了，一天也懒得跟父母说两句话。我觉得，这真的不叫陪伴。

甚至有些人，因为和父母住在一起，受不了父母对其个人生活的管控，更受不了父母的唠叨，整天整天地不回家。这样的陪伴又有何意义？

人老了，没人说话才是最可怕的事情。你可以没事多跟父母打打电话聊聊视频，除了关心他们的身体健康，更要关心他们最近又有什么计划、想些什么问题，聊聊老家都发生了什么事，这才是在做交流。

除此之外，更要珍惜难得的相处机会，和父母在一起的时候就不要自己玩自己的手机，不要只顾着聊自己的事情，更不要嫌父母唠叨，你得让他们感到，你是在用心地和他们沟通，在倾听他们的声音。而以上这些，都跟你在不在大城市打拼没有太大关系。

古人之所以说“父母在不远游”，是因为那时候的交通、交流方式太落后。出个省要走一两个星期，寄封信要寄一个多月，这种条件下，你想跟父母交流沟通也做不到。

但现在我们的交通交流方式如此先进，真有急事坐飞机回趟家也就是半天时间。智能手机、视频、微信、QQ 等更可以让你和父母实时进行沟通。

这种情况下，**影响你对父母关心的不是你们之间隔着的千山万水，而是你有没有那份心。不要再让对父母尽孝变成你逃避大城市工作的借口。**

最后，推荐大家去看一看华为教父任正非的一篇文章《我的父亲母亲》，感人至深。

他在深圳创业，一手创立了华为这家举世瞩目的世界 500 强企业。他的父母在云南老家，但他却一直未能很好地照顾他们。

在文中他写道：回顾我自己已走过的历史，扪心自问，我一生无愧于祖国，无愧于人民，无愧于事业与员工，无愧于朋友，唯一有愧的是对不起父母，没条件时没有照顾他们，有条件时也没有照顾他们。

有时候，人生就是这么残酷。

任正非收获了一个又一个成功、创造了一个又一个传奇，但却依然充满遗憾。但我相信，即使给他再选一次的机会，他仍然会选择背井离乡去创立华为。

这样说，虽然不煽情、不感人，但这确实是人一生该去追求的意义。只不过，意义之外，不要忘了，其实你本可以为父母多做一些。

走得出来的叫低谷，走不出来的叫绝境

我一直觉得，正常的人生就应该像一个人的心跳一样，有起有伏，有得意就会有失意，有巅峰也会有低谷。

人生总会在最深的绝望中，遇到最美丽的惊喜。如果一马平川，只能说明这生活平淡如水。但也有些低谷，会让人深陷其中、难以自拔，身处谷底的你，往哪个方向看都是绝壁，都没有路。这才是人生真正的最低谷。

01

初二那年，我 14 岁多一点。

许多年以后，当我再一次去审视那段最不堪回首的黑暗日子时，有一句加粗的话，在日记本上特别醒目：**我感觉，身体里有一根弦好像突然断了。**

在那之前的一年，我是父母的骄傲，是村子里出名的好学生。

刚从一所乡村希望小学毕业，以全县十多名的成绩考入了县城的一所初中。在学校里，我是品学兼优的班长，是年龄最小的学生会部长，如无意外，我将会成为像“五道杠”一样阳光的少年。

但就在初二的某一天，阳光被什么看不见的东西挡住了。我在当时的周记里写下了最初的感受：我闭上眼睛，感到大脑里一片黑暗。但批阅周记的班主任，把这当成了一种比喻，完全没有在意。

或许是因为大量无人指导却又如饥似渴的阅读，让我接触了太多社会的阴暗面；或许是因为我故作端正的学生干部样，遭到班里很多同学的排斥；还或许是因为家境的贫寒和渴望出人头地的强烈反差，造成了自己的敏感脆弱……总之，我的思维陷入了一片混乱，我自以为看清了这个世界肮脏、癫狂的真相，但有时，又会觉得我不过也是这世上一条挣扎求食的虫子，与别人没有任何两样。

那段时间，我的成绩大幅下滑，上课的时候经常进入一种断片的思维状态。我的父母开始发现我精神上不对了，但我不愿意和他们交流，我什么都不想做，只想退学。

一开始，老师们以为我是早恋了，他们找我谈话，但内容只会让我觉得可笑。后来，他们又以为我是厌学了。其实都不对，我是厌世了。

02

那段时间，我开始整晚整晚失眠，经常在凌晨一两点时候从宿舍里起来，头枕着枕头，睁大眼睛，就那么想到天亮。经常默默地坐在座位上，长时间地盯着窗外固定的景色看。同学原本就很少理我，看我这副样子更是常常一连几天都没人和我说话，甚至传出很多的风言风语。周末回到家也像行尸走肉一般，对什么都提不起兴趣。

我至今仍清晰地记得，当时对整个世界的看法：这个世界是没有意义的，做什么都是没有意义的。你所期待的再美好的明天，明天有再激动人心的事情发生，都一定会成为过去，你什么都把握不了，也什么都留不下。

我们生活的世界，除了不断消逝的现实以外，别无他物。

我也思考生与死的问题，在许多“正常人”看来最难理解的生死问题，在当时的我看来，其实很简单。

生命就是一段有限长度的线段，生和死就是线段的两端，而身处其中的我们，其实往哪个方向走都是一样的。所以，去死并不是一件很特别的事，就像我们曾经出生一样。

03

父母觉得我再这么下去，可能会成精神病，于是同意我先休学一年。去学校找老师办休学手续的时候，我的班主任第一次意识到了问题的严重性。

她在办公室里听我父母讲了两个多小时我这几个月以来越来越严重的表现，最后缓缓地从嘴里蹦出一句话来："他这可能是抑郁症。"

这是我农村的父母第一次听到这个名词，在那个年代，整个小县城里几乎都没几个人知道什么是"抑郁症"、怎么治疗"抑郁症"，更别说有什么专门的心理医生了。班主任最后说："我可以同意他休学一个月，但一个月后你们必须带他回学校。"

几周后，父母拖着心神涣散的我回到学校时，班主任和我进行了一次谈话，也正是这次谈话改变了我后来的命运。

班主任说："我知道你不愿意跟我说话，所以你只需要听我说。你不想上课可以，我把座位给你安排到教室的最后，你上课随时想出去你就出去；你也不要再当班长和学生会部长了，等你调整好了再说；另外，我给你换了一间宿舍，找了几个你们一个地方来的人跟你一起住。你现在是得了一种心理疾病，现在的你可能还不太懂，但你也不用着急，我们会给你想办法，你就每天正常上下课，不要给自己压力。"

我后来才知道，这一个多月的时间里，班主任一直在找各种各样的相关资料，帮我想办法；在我回学校之前，挨个儿找班上的同学谈话，希望他们不要给我压力，正常看待我的所有行为；告诉我父母，该怎样与我相处，和我沟通。

那段时间，班主任每天都会和我一起吃饭，找我聊天；还有几个一起考进县里的同学和我一起住在那间宿舍，几乎形影不离，教会我打篮球；每次回家，我的父母都会想办法跟我交流，我母亲甚至宁愿庄稼烂在田地里，也不会让我一个人在家。

他们让我认识到，我自己可能是得了一种“病”，他们也让我知道，即使我已经这样，他们也从来没有放弃过我。

04

初三上学期，我终于从“抑郁症”中走了出来。那种感觉就像是重新活过来了一样。

也因为有过这样的经历，所以我始终对生活抱有希望，始终对人生充满感激。真的，**你只有重新活过才会明白，只是单单继续活在这个世上，就已经多么美好。**

后来，我看了很多这方面的书，从心理学、社会学到哲学，学着自己分析自己、总结自己、自己给自己“开药方”，学着更好地与自己的心理和情绪相处。我后来曾经去仔细追溯过，到底是什么样的力量让自己走出了那最深的低谷。

最终，总结出了四条：

1. 信任

当一个人进入人生最低谷的时候，他最需要的不是单纯的鼓励，也不是谁来施以援手，而是身边能有人让他信任。

进入最低谷的人就像是受到惊吓的动物，他们会封闭自己，逃避这个世界，宁愿躲在一个阴暗的小角落里不出来。只有慢慢让他相信你没有恶意，重新建立起信任的关系，你才能帮助他走出阴暗。

直到现在，我觉得幸运的都是，在那段最消沉的日子里，我的父母、我的老师、身边的朋友并没有离我远去，即使我情绪时好时坏，即使我对他们的关心无动于衷，但他们仍然在我身边不离不弃。

他们让我真正感到一种值得信任的安全感，这才是帮助我走出低谷最强大的力量。

2. 集体

人在进入低谷后，受影响最深的就是情绪。你的情绪会非常低落，而这种低落又会加剧你向低谷下滑。这时候，最能振奋情绪的事情就是参与集体活动了，比如打球、骑车、野营。

心理学告诉我们，情绪是会互相感染的。

在参加集体活动时，集体里每个人的情绪都会比较积极快乐，会把你的情绪也带动起来。更重要的是，集体活动减少了你独处的时间和空间，最大限度避免了自己胡思乱想。

但前提是信任，集体活动里的人都应该是你熟悉或者信任的人。否则，和一群陌生人去搞集体活动，只会加重自己的孤僻。

3. 创造

在没有集体活动的时间里，一定要用别的东西来填充低谷里的空白时间，而最好的，就是创造性工作了。

只有当你全身心地投入到一项需要你开动脑筋积极思考才能做好的工作中去时，才能真正避免你在空余时间里自怨自艾。值得说明的是，这里的工作泛指一切事情，比如画一幅画、设计一件衣服、制作一个小东西……

可以给自己定一些稍加努力就能完成的小目标，但千万不要去尝试那些你平时都完成不了的任务。那些看到自己的努力变成结果的小欣喜，就是你一步步爬出低谷的阶梯。

4. 简单

这是绝大部分人从深深的低谷里走出来后，都会获得的一项技能：那就是把生活看得简单了。

是啊，从那么沉重的打击里都走出来了，还有什么是不能接受的呢？也只有把生活看得简单，你才能真正抛下包袱，轻装简行。

不再去执着于别人怎么看我，不再去理会生活里的那些蠢人，不再去等待那些虚无缥缈的未来，也不再去追忆那些刻骨铭心的过往，更不再去试图留住那些转瞬即逝的片刻。把所有的注意力都集中在眼前，过好现在的每一天。

05

从最深的低谷里走出来后，其实人生并未从此一帆风顺，仍然会有起有伏、有高有低。我自己从这高低起伏的人生历程中，还总结出了一条独特的生存法则：

人有时候会发现自己特别倒霉，做什么什么失败，碰什么什么出事，这时候需要提醒自己可能正在滑向低谷，与其去拼命对抗，不如承认这段时间自己就是倒霉，收缩战线，尽量不要去做一些需要冒风险、拼人品的事情，老老实实把手里的事情做好。

而到了另一段时间，你会发现好几件好事同时找上门，做什么都能成，去路边随便买张彩票都能中个彩球。这时候就应该四处开花，尝试各种平时没有把握做的事，敢于面对挑战。这个法则其实很简单，就像毛主席总结打仗经验时说的几句话：

打仗的秘诀就是，打得赢就打，打不赢就跑。

但在现实生活中，你会发现并不是每个人都能及时地意识到自己处在低谷中，更不是所有人都能承认自己处于低谷，往往越是赌输了的人赌得越狠，越是打了败仗的人越想翻盘。他们总是不服气，去逆势发起一次又一次冲锋，直到摔得遍体鳞伤，陷入更深的低谷中去。

所以，真正帮助自己认识低谷、视低谷如履平地、能轻松走出低谷的法则，早已被老祖宗写在了几千年前的一本书里：

君子当藏器于身，待时而动。

——《周易》

世界再糟糕，温暖你也只需要一个瞬间

01

网上看德云社的相声，里面讲到一个段子。郭德纲教育他儿子郭麒麟：你以为有钱好啊，你以为你爸爸像你想象的那么快乐吗？——你错了，爸爸的快乐你想象不到。

网络上一片弹幕，讨论“想象不到的快乐”到底是什么，大概都是香车美女、别墅游艇之类的。但在我看来，这些想象中的快乐一定不会是郭德纲真正的快乐。因为，这都是大家所能够想象到的。

真正的快乐，一定来源于你想象不到的地方。在你没有期盼、没有准备、没有想到的时候，突然冷不丁就出现了那么一件事，给你留下最美好的记忆。

这也正是现实比想象美好的地方。

02

我相信，这辈子我和白公子都不会忘了那个晚上，在泰山南天门喝过的一碗小米粥。

好几年前，我和白公子还是大三的两名穷学生，十一长假决定穷游山东，两个人揣着一千多块钱在山东青岛、烟台、潍坊等地晃荡了十来天，饭挑最便宜的吃，住宿方面，也是怎么省钱怎么来，要么找同学借宿，要么就在网吧凑合。

最后一站，我们数了数身上仅有的钱，决定去爬泰山看日出。

绿皮火车开到泰安车站正是中午，我和白公子为了省钱，吃过饭后就一直待在一家网吧里，晚上八点多的时候收拾起东西开始夜登泰山，那时我已经有点中暑，就在上山前去药店买了一盒藿香正气水。从上山到下山，我喝了整整一盒藿香正气水。

03

半夜一两点我们就爬上了山顶，山顶的气温接近零度，我们把包里的衣服全部翻出来穿在身上，两人仍然在寒风中冻得瑟瑟发抖。

山顶上有租帐篷和大衣的，不少情侣盖着大衣在山顶的石头后或平整的地方相拥而眠。我和白公子甚是羡慕，但翻遍衣兜也付不起租金，爬山出的汗都冰凉地贴在后背上，又冷又饿，只好躲在一个大石头的后面，互相依偎着取暖。

很多年以后，我都觉得泰山太适合情侣一起去爬了，那种氛围、那种气温、那种夜深人不静……但我和白公子是俩大老爷们儿啊。

深夜两点多，我和白公子冻得实在扛不住了，决定往山下走走，到海拔低一点的地方去，一路往下走到南天门，又冷又饿，腿都开始哆嗦了。

居然看到有两家卖副食品的小店还开着门。

两三个像老板样的人正围坐在一锅煮得沸腾的小米粥前聊天，他们的脸上都有高原红，嘴巴里呼出的水汽清晰可见。在旁边的一个木头小桌前，一对打扮时髦的情侣正在津津有味地喝着一碗小米粥。

我和白公子看得直吞口水，白公子扯了下我说："你觉得这一碗小米粥得要多少钱？"

"这个地方，大半夜的，肯定要卖几十块吧，搞不好还得卖你一百块一碗。"

"这么贵？"

"那你以为呢？"

……

我们没话说了，在阴暗里徘徊了好几分钟，最后决定由我去问下价格。

"老板，这个粥多少钱一碗啊？"

正在聊天的老板头也没抬，飞快地说出了一个价格。

一个让我难以相信的价格。

“两块。”

“多少？”

“两块钱啊。刚煮开的，都这个点了，还嫌贵？”老板终于抬头，奇怪地看了我一眼。

“老白，赶紧下来啊，快，快，快……”我都激动得有点口齿不清了。

当老板把两碗热气腾腾的小米粥送到我和白公子手里时，我们感动得简直快热泪盈眶了，这老板太有良心了，简直感动泰山十大人物啊！

迫不及待地喝下一小口，一股暖流从喉咙一路暖到胃里，整个人都觉得好像从一坨冰块中苏醒过来，散发着小米香的热气扑在脸上，是那么温柔、那么温暖，尤其是还那么便宜……

04

毕业后，白公子从事着旅游方面的工作，一直做到了《国家地理》中文版的内容总监，跑遍了几乎大半个中国，也去了全世界各大洲的几十个国家。

他现在去任何地方都不会穷游了，一路都有地方旅游局的人接待，吃当地特产，住五星级酒店，再也不会遇到那晚在泰山顶上那么窘迫的情况了。

但我相信，他再也不会遇到南天门边一个普普通通的路边小米粥摊，更喝不到那晚上那么温暖的一碗小米粥了。

我自己也同样如此，越往后走，工作生活里的计划就越多。再去哪里旅游，也一定是提前详细做攻略、订酒店、买机票。总觉得什么都要掌握在自己的手里才好，也更相信把一切都掌握在自己手里才会觉得安全。

但我发现，这样的自己很多时候失去了对现实美好的感知。因为所有的一切都是可预见的，不管是好的，还是坏的。

但现实的美好从来都不是未来的一切按照你想象的剧本在演。

而是，当你觉得黑暗的时候，不经意地照进来一束光。

别总是去看别人的生活，做好你自己

很多人问我，为什么在“大城市”打拼挫败感很强烈？

我回答：因为它真的很“大”啊！

比如北京，几乎是中国文化、经济、政治、艺术和国情民情的交会点，这里每天都有各式各样的故事发生。

在这个城市里，你有钱总有人比你更有钱，你权力大总有人比你权力更大，你拼命总有人比你更拼命，你无助总有人比你更无助，你堕落也总有人比你更堕落。你用尽所有力量在这城市里大喊一声，声音也传不过两条街。

在这个包容了巨量人口和经济同时也包容了亿万梦想和愤怒的城市里，攀比和抱怨可能是最没有意义的事。

大城市给了你许多机会和可能，但同时，也让你见到了更大的差距。

就像一座高山一样，当你离它很远的时候，你会觉得走不了多久就能到山脚下，用不了多久就能爬上山顶。

当你越来越走近它，才发现原来路还有那么远，当你千辛万苦走到山脚下的时候，你才能真正体会到它的高不可攀。

而你打拼的过程就是不断走近它的过程。

我的好友白公子，毕业先去外地然后回北京，三年多时间换了不下5份工作，年前升任一家杂志社的内容总监，一个原本恃才傲物，看不起微信、微博等网络平台的人，现在居然自己开了个微信公众号，以几乎每日一更的频率推送文章。他告诉我，和那些真正的媒体圈大牛接触之后，才发现自己之前的看法有多么幼稚。

我的同事，早年来北京奋斗，现在早已是标准中产阶级，拼尽全力让自己小孩儿进了一所非常有名的幼儿园，有一次参加孩子在幼儿园里的儿童节活动。然后，被那些幼儿园里就开始富养的小朋友虐得渣都不剩。

至于我自己，刚大学毕业那会儿，拿着3000块钱的实习期工资就已经乐得不行了，而那时候看一篇叫作《毕业3年，年薪15万》的文章，就像看天方夜谭一样。

后来工资涨上去了，我跑到回龙观、天通苑看房子，望着一排排火柴盒似的房子和惊人的房价，几乎要大哭一场。

一步一步走到今天，好不容易有了一点成绩，却发现工作生活似乎已经进入瓶颈，收入也遭遇了天花板，财务自由、选择自由，离自己还有十万八千里，不知道自己下一步究竟是该跳槽还是该创业，又或是什么都不做，等着时间封死一切可能性。

前段时间，我被这种挫败感折腾得身心俱疲，休假回了趟老家，找了一天下午爬上了老家后面的山坡。

在那片缓坡的山顶上，曾经有一片乱石堆，我小时候经常把家里的羊往山坡上一放，自己就坐在乱石堆上看书，或者发呆，幻想有一天能翻过前面一座又一座的山，离开农村，去城市里生活。

有一次想得太入迷，一只羊跑下山进了别人的菜地，我着急往下跑，一个跟头从山坡上滚下去，到坡底时，脚底板扎进了一根小指粗的树杈，流了很多血，到现在都还留了一个疤。

当我离开多年后，再一次爬上山顶时，发现半人多高的荒草已将一切淹没在其中，我拨开草丛，却惊喜地发现那片乱石堆居然还在。

那天，我在那片荒草堆里站了很久，回忆起我小时候，坐在上面幻想时的点点滴滴。

考上大学，走出大山，努力工作，挣钱买房，养家糊口……

从一贫如洗、一无所有到今天，这所有已实现的一切，早已经是我小时候的“天方夜谭”了。再往后的每一步虽然都很难，但哪一步不是赚的？

我还有什么好抱怨的？

希望遭遇挫败感的你，也别忘了自己当年这一路是怎么走过来的。

别去看别人，做好你自己。

走一步有走一步的成就，进一寸也有进一寸的欣喜。

改变贫穷，应该在大学毕业后

年轻的时候贫穷并不可怕，可怕的是走错路，以及由此而带来的心理扭曲。但我认为，大学并不是改变贫穷的最好地方，最好的改变贫穷的地方一定是在大学毕业后。

01

读高中时，我和我的发小建哥住在一个对我们很关心的老师空着的宿舍里，可以自己做饭，为了省钱，我们每星期从家里背着米、面和从自家地里摘下的菜到宿舍去自己做饭，一天三顿就那么几样菜，早餐经常就着花生米，一人喝一碗稀饭，一个星期也很难吃一次肉，两个人都面色如土。

高考结束的当天晚上，我和他哪都没去，就在宿舍里简单吃了点东西，下了一晚上的象棋——因为那个时候已经知道，我们俩的高考都考砸了。

我失去了去清华北大的机会，他失去了上重点本科的机会。

最后的结果，建哥的分数只能上三本或者专科。

建哥的父母都是文盲，不识字，因为长期干很重的农活，他父亲还得了很严重的腰椎间盘突出，几乎不能再下地。

而他的哥哥为了供他上初中、高中，一直没有谈恋爱，打工挣的钱全部寄到家里。

但你知道他最终的选择是什么吗？

02

建哥犹豫很久，最后咬着牙还是决定去天津上了一所三本学校，因为我们那时已经知道，许多企业招聘的时候，本科和专科就是一条难以逾越的鸿沟。

三本的学费很贵，他们家里除了到处找亲戚借钱，建哥还要自己打工挣生活费，为了省点路费，一年只回家一次，暑期都在到处兼职。

但这所有的一切努力，也仅仅只是支撑他读完四年大学而已，根本不可能改变贫穷。

大学毕业后，建哥去了天津当地的一家企业，头两年工资全部寄回家还钱，连过年回家的路费都没留下。

这些年，建哥在天津，我在北京，我们不抽烟、不喝酒（工作除外）、不泡夜店，也很少参加什么应酬，大多数时间都在看书学习。

我们一直在互相鼓励，还像当年的难兄难弟一样。

很感激，那些年刻苦奋斗的日子里，并不是我一个人独自前行。

建哥考过了一级建造师和一级造价师，跳了三次槽，在他工作的第六年，成了一家房地产公司的部门主管，能在天津买房了。

我曾去过建哥在天津租的房子，很破很旧的一个小区里，屋里什么东西都没有，但在床边和柜子里，静静地码了很多已经翻得有些破旧的专业书，那是建哥这些年奋斗历程的见证。

03

我和建哥都把老家的房子重新修了，二层的小洋楼，足够父母在老家安度晚年了。他的哥哥终于不用再补贴家用了，顺利地娶了妻，现在孩子都两岁多了。

我母亲和他的父母也已经不用再下地干活了，偶尔种点菜，就当是锻炼身体，两家人挨得很近，相距不过半里地，我母亲在老家时，常常晚饭后散步走到他们家门口，一起拉拉家常。

曾经那样的艰辛、贫穷和无助，都终于熬了过来。

今年春天，我带着爱人、母亲一起去天津玩，建哥陪着我们在五大道一家茶楼的二楼坐了一下午。喝着清茶，吃着小点心，淡雅的微风徐徐吹来，我和建哥聊着下一步该跳槽还是创业，找什么样的机会，需要什么样的资源；爱人和母亲则在和煦的春日阳光中打着小盹儿。

当时就颇有感触：这一路走来真是值得。

建哥从一无所有甚至是“负债累累”，到现在能在大城市安家立业，改变整个家庭的境遇，一共用了 10 年。

4 年，勤勤恳恳地读完大学，把专业课学好；6 年，兢兢业业地干好工作，利用业余时间不断提升自己。

就这么简单？

对，就这么简单。

正因为有这样最真实的案例，所以我一直在鼓励网友和身边的年轻人：不要放弃，一定要相信，这个社会竞争再残酷，也一定会给坚持读完大学、一直努力奋斗的年轻人留有一席之地；更不要着急，不要总期待三五年就能改变命运，甚至大学还没读完就被网上那些“00 后创业”“20 岁百万富翁”之类的鸡汤文给洗脑，心浮气躁，甚至做出错误判断。

就像毛主席说的：不要急，慢慢来。

该有的总会有的。

04

后来，我总结自己和建哥的经历，除了那些常规的上大学、勤奋工作外，其实还有一些其他的体会，这里一并分享：

（1）如果你的家境不太好，强烈建议你在选专业时，选那些应用性更广、更容易变现的专业，比如计算机、建筑、财务，放弃那些你可能喜欢但短期变现很难的专业，比如艺术。就像有朋友说的：艺术这种东西是留给你无忧无虑的下一代去学的。

（2）如果大学里一开始不能找到一个能接受你家境的女朋友，那么建议你不要着急谈恋爱。一方面，谈恋爱本身需要花钱和精力，你在读书和工作初期，都需要将金钱和精力放在更需要投入的地方；另一方面，你在现有情况下很难真的找到适合的女朋友，要不就是你在将就，要不就是对方在将就。工作两三年后可能才是找女朋友的最好的时机。

（3）保持心理健康。长期处于贫穷的状态，但又生活在能接触到富裕生活的大学和城市中，很容易就心理不平衡，甚至扭曲。这方面，一定要注意，要学会合理看待当前你存在的很多问题，比如，形象一般、口才不好、没见过世面、自卑等。相信我，等你工作并有一定的经济基础后，这些问题都可以得到改变。

（4）如果可能，请你找一个同路人。一个人默默奋斗太过艰辛，并不是每个人都能坚持下来，也容易心理失衡，有人和你一起奋斗，互相鼓励、互相照应，会好很多。

（5）最后的最后，真的千万不要着急。

兴趣
可以被当作事业吗

我从小最大的爱好既不是什么学习也不是什么写作，而是打乒乓球。

那时候，在一所很穷的希望小学读书，学校里什么设施都没有，只有几个红砖砌起来的乒乓球台子，我也没有乒乓球拍，我的表哥李强用门板给我锯了一块像“乒乓球拍”的板子。

我和父亲一起住在学校里，晚上他常常加班，我们住的宿舍里除了床和几个凳子之外什么都没有，我就用那块光板子对着一块白墙壁打乒乓球。在别人看来，就这样对着墙壁打球太无聊了，但对我而言，里面有太多的乐趣，我可以一会儿快一会儿慢，一会儿轻一会儿重，想象着对面有个永远也击不倒的对手，需要我用尽浑身解数来战斗，而且一打就是几个小时。

到我读到小学二三年级的时候，拿着这么一块没有胶皮没有海绵的光板子，就已经打遍全校无敌手了。

到初中时，我终于自己存钱买了第一块有胶皮的乒乓球拍，

10块钱，一对。

有多劣质可想而知，但我仍然就用这么一个破拍子打到全校第一名，奖品是一个价值几十块钱、不知道是真是假的红双喜乒乓球拍。

我用这个乒乓球拍一直打了好多年，一路打到高三，高考前还参加了全校的最后一次乒乓球赛，单打第一名。

进了大学，我先参加了几个院系联合组织的乒乓球赛，第一名。然后参加了全校的乒乓球赛，几万本科生的学校里，我打到了第五名。连续两次。

两次8进4都刚好遇到了第一名，他曾专业练过乒乓球，第一次对打，不熟悉我这种“野路子”的打法，一开始还被我打得有点蒙，但最后还是毫无悬念地赢下比赛；第二年再遇到我的时候，就已经把我打得毫无还手之力了。

那是我第一次真正见到了“专业训练”与“业余爱好”的巨大差距。

从此，我就再也没有参加过乒乓球赛。

工作后，条件变好了，我不仅买了专业的乒乓球装备，买了好几千块钱的蝴蝶球拍，还花钱去找了专业的教练练球。

但这时候，即使在某体校业余练球的圈子里，我都已经打不出名堂来了，用教练的话说“太迟了，你这种野路子打法，已经把自己练得乱七八糟，纠正不过来了，你就把打球当个爱好吧”！

所以，你看，**很多时候把兴趣当事业不是“该不该”的问题，而是“能不能”的问题。**

我不仅仅在打球上有兴趣，而且可能还有点小天赋，假如在我小学时能被某教练发现然后参加专业训练，或者家里条件好点能送我去兴趣班，很可能，我现在就真的靠着这个行当吃饭了。

但现在，它就真的只是我业余消遣的一个小小爱好，哪怕我再努力再追求梦想，用尽洪荒之力，也改变不了这个事实。

在我看来，那种能重新找回并将之当事业的兴趣，至少有两个必备条件：

一是，兴趣本身存在被再次实现的可能。人的兴趣有很多种，上至九天揽月，下至五洋捉鳖，但不是每种兴趣都能在错过后重新实现，像乒乓球这种体育运动或者围棋这种智力运动，错过了一定的年龄阶段，就永远不可能再以之为事业了；但像唱歌、写作这种兴趣，则不分年龄段，只要你有兴趣，遇到合适的机会，都存在以之为事业的可能，典型的如“大衣哥”朱之文。所以，每个人在思考这个问题的时候，最好先掂量掂量自己的这个“兴趣”，过了这么久，还有没有转化为事业的可能。

二是，拥有将兴趣转化为事业的基本要素。从一般的“兴趣”到真正的“事业”，是一条漫长的路，甚至是一条不可逾越的鸿沟。比如，我对乒乓球再喜欢、再有天赋，也比不上拥有“专业训练”这个基础要素，没有这一点说再多也没用。还有一个致命的要素，是对绝大多数拿兴趣追求梦想的人都有效的，那就是物质基础。单位里一个很年轻的副处级领导，从小喜欢物理，高中时曾是全省物理竞赛前 10 名（高考加了 10 分），但受限于家庭条件选择了就业前景更好的计算机，现在虽然衣食无忧了，却时不时透露出深深的遗憾，只能通过看科幻小说和科普书籍来怀念自己曾经的“真爱”。

正面的例子也有，特斯拉和 SpaceX 的创始人马斯克一开始的兴趣就在于“网络、永续能源和太空”，但这种兴趣需要的资源太过庞大，所以他在攻读斯坦福应用物理学博士学位之前先在沃顿商学院读了一个经济学，毕业之后第一件事是搞互联网创业，30 岁成为亿万富翁，然后投入巨资重新开始去追求自己“造火箭”“造电动汽车”“做光伏发电”的兴趣，现在的结果大家都知道了。

所以，我真正的建议就是：**如果你真的很想将兴趣变成事业，那就先去寻求一个存在实现可能的兴趣，然后再去研究将其实现的基本要素，去努力创造将其实现的条件。在这个过程中，你可以假装自己早已忘记了这个兴趣，专注于去创造条件，等到条件具备而你还没忘记时，再去尝试实现它。**

在我看来，这才是真正的不忘初心。

扪心自问下，又有多少人能做到像马斯克那样，在别的事业上取得巨大成功之后，还能记得自己最初的兴趣所在？

为什么我们拼尽全力，依然无能为力

01

我在知乎答题，在微信公众号“栩先生”上写文章的时候，总有很多朋友会在我的回答或者文章下面留言问我问题。

还有一些朋友给我发很长的私信和消息，来告诉我他们的困惑。

我后来发现，这些朋友大部分都是还在读书或大学毕业不久的年轻人（可能你也一样），而这样的问题和困惑往往又可以归结为一点：

为什么我已经很努力了，却依然没有改变现状呢？

倒回去十多年，我也曾反反复复痛苦地追问过这个问题。

那时的我，在一所省重点中学里读高中。因为家境贫寒，几乎没有什么城里的朋友，内向、敏感而自卑。

我从书里看到了外面更大的世界，读到了别人写下的无数精彩人生，心里充满躁动和渴望。我十分努力地学习，看各种励志鸡汤，一个人摸索学习一堆五花八门的东西，思维导图、疯狂英语、演讲之道、厚黑学……

然而，直到高考，所有的这一切，都没有对我当时的现实境遇产生任何实质性影响，我的父母仍然很古板、家境依然贫寒，我的穿着仍然很土、内心充满自卑。

然后，我从《读者》看到了一篇鸡汤文章，讲了猎狗拼命追兔子、兔子也拼命逃命的故事。

文章的结论是，**猎狗之所以那么努力还是没有追上兔子，是因为猎狗只是尽其所能，而兔子为了活命却要拼尽全力。**

02

当年，这样的鸡汤曾经灌倒了像我一样的多少人。

让多少人相信了：你之所以没能成功，是因为你不够努力。

然而问题是，从来也没有人告诉你，什么才叫足够努力。

在我看来，现在大城市里打拼的年轻人，真的已经够努力了。忍受着大城市里高昂的房价租金，忍受着被挤得毫无尊严的地铁，忍受每天两三个小时的通勤时间，忍受着单休的周末和每天超过10个小时的工作，兢兢业业不敢有一丝松懈，轻伤不下火线、小病不去医院，下班路上还在拼命刷英语、听Live、看文章、上网络公开课……如果这都不算拼尽全力，我不知道什么才叫拼尽全力。

最让人难以接受的是，过得这么辛苦，活得这么累，又得到了什么？

不知道还有多少人记得跑长跑时的感觉。在漫长的跑道上，你一圈一圈、不知疲倦地跑着，总有一刻会感到精疲力竭。那时候的你，无论意志多么坚定、目标多么明确，再怎么拼尽全力，都不可能再跑得比之前快哪怕一秒。

更重要的是，如果前面没有终点，你还能坚持多跑几圈？

如果这样拼命地生活工作，一年，两年，三年，一切依然毫无起色，离自己心里的梦想却渐行渐远，还有多少人能继续熬下去？

这才是真正的无能为力。

03

我们过往接受的所有教育、看过的所有心灵鸡汤，都在试图告诉我们，一个人只要努力，只要在一直向前奋斗，就一定能取得还不错的成绩，如果他起点低，能够凭此逆袭；如果基础好，能飞得更高。

但是我们忽略了，当你在向前迈步的时候，时间也一直在无情地、一刻不停地向后流逝。

你 3 岁的时候，为大家表演从 1 数到 1000，将会获得“天才”的称号。但如果你经过不懈努力，在 30 岁的时候，能为大家表演从 1 数到 100000，很可能会被人报警抓起来。因为这个时候，谁也不会关心你能数到多少了。

人生有点像自行车赛。你必须在不同的时间段里，做出超越这个时间段里你能做到的事情来，才算真正的进步。

谁也不会记得你在某段路程曾经遥遥领先，在哪个坡道你曾奋力骑行，在哪儿的拐角你摔倒了仍爬起来继续前进。大家只关心你有没有在这个赛段、下个赛段、下一个赛段、下下一个赛段以至人生的总赛程获得好名次。

更可怕的是，这个社会所给予一个人的奖励，也从来不是平均的。他们不会在赛程中突然给你一个奖牌，奖励你这段洼路骑得漂亮。他们只会守在某个赛段的终点，给那些率先冲过线的人以巨大的奖励，鲜花、掌声以及热情的拥抱。其他的人，其他的时候，颗粒无收。

人生，更应该是一个量变引起质变的过程。要么广泛撒网，寻找突破的机会；要么目标明确，每一次坚持都是为了跨上一个台阶。

但事实上，我们很多人所谓的努力，其实就是在原地高抬腿。不管力气用得再大，看起来有多努力，最后的结果都是在原地踏步。人生最怕的就是这种状态，越努力越无力。

要想突破这种状态，仅有努力是不够的，真正的关键性因素有两条：一是资本；二是信息。

04

大学里有个同学，父母在老家做生意，是当地小有名气的老板。在他读大学的时候，就想办法为他在北京买了一套房。到他毕业的时候，又为他付了首付，按揭购买了第二套房。

工作以后，在大部分同学还在为糊口度日而努力，一点一点地拼命存钱买房的时候，他就已经轻轻松松突破这种状态，开始为自己真正想过的生活而努力了。

你和他的差距，叫作资本差距。

再说一个极端的，这几年新闻报道了好几个“亿万富翁”“地产大亨”“成功商人”被捕的事，他们其实是当年的抢劫犯，多年以后案件侦破，被重新逮捕宣判。

很多人觉得很可惜，既然现在能这么牛，当年何必犯罪？

却恰恰忽略了，他们能做到这一步，正是因为当年有了第一笔的资本，在中国发展最迅猛的几十年里，快速完成积累，发家致富。

他们之所以能超越同时代的很多人，实现人生逆袭，也是因为资本，只不过这种资本是非法所得而已。

资本的差距虽然可以轻易地让多年的努力看起来毫无意义，但并非完全不能弥补。

当你除了自己以外的所有资本都等于零的时候，千万不要忽视了，时间本身也是一种资本，同样可以让你的人生保值增值。

这本书中，我提到自己有个做新媒体的同学，在 2013 年就注册了微信公众号。几年时间里，坚持不懈每晚写到深夜，从一开始的无人问津，到慢慢有身边的同学朋友开始关注，写得越来越得心应手，关注的人也越来越多。现在基本上每篇文章都能 10 万 +。

最终，利用 3 年多时间的点滴积累，他成功地在本职工作外实现了新的突破。

但这有一个非常重要的前提，你花时间去投入的东西本身就具备量变到质变的可能。

你扔一个硬币到地上，正面朝上的概率是 50%，你把这件事重复做 100 次、1000 次，都不会有任何本质变化。

时间的资本，如果只是投入到类似于扔硬币这种重复再多也不会有根本性改变的事情中，就会像我前面说的那样，只是原地高抬腿。

你再怎么努力，也改变不了什么。

05

那么问题来了，你又如何判断什么样的事情是可以量变引起质变的？更重要的，你又如何知道哪些事通过投入时间就可能对人生造成重大改变？

我那个做新媒体的同学，之所以会在 2013 年那么早的时候就知道要做微信公众号，并非他有多高瞻远瞩，主要原因是身处媒体圈，处在内容创业的浪潮之颠，身边有太多的人会交流、研究、讨论乃至试着去做。

他唯一要做的只是在收集到这些信息后，自己去进行一下尝试。

你和他的第二个差距，叫信息。

那些在资本市场中撕开口子的创业者们，正是因为敏锐地发现了市场中独特的信息热点。

为什么很多人拼命也要留在大城市，总是一刻不停地刷着互联网，也是因为大城市和互联网本身就是信息汇集、交换的中转站。总有人能从这些纷繁复杂的信息中找到自己想要的机会。

知乎上有一个牛人，直到他写下数百个回答，积累了好几万的粉丝，成为知乎大V的时候，大家才知道，他居然只是一个初中毕业生，在一个小酒吧里打工。

他一直想要改变命运，但既不知道往哪里走，更不知道从何做起。

他的生活工作环境、他的亲朋好友，都不可能给他提供什么有用的信息。所以，他只能靠自己。

他一篇篇地看了知乎上的很多回答，认真分析这些高赞答案和一些典型大V的分布特点，并从中发现了一个关键的信息：在知乎上，关于电影的回答和评论总是有很多人关注和点赞，那些勤于写影评的作者得到了很多的关注。在得出这个关键信息后，他开始拼命努力。

每天工作结束后，他想尽一切办法在网上刷电影，在积累了几百部电影的观影量后，他又学着豆瓣高分影评写文章。

等到这一切都积累得差不多后，他开始正式在知乎回答电影相关问题，非常勤奋，基本上每天都要回答一个问题。

1 年多后，他成了知乎的大 V，然后写了一篇自揭身世的文章，坦诚地说明他的学历、他的工作、他的梦想，希望能找到一份不看学历、不计较身份，但又能实现自己梦想的工作。

万合天宜公司向他抛出了橄榄枝。是的，就是那个这几年红极一时的“万万没想到”公司。几个月后，他坐在了北京明亮的写字楼里，开启都市白领的新生活，终于不用再继续漂泊四处打工了，人生也就从此发生了根本性改变。

这是我在知乎，亲眼见证的一个真实案例。

06

努力并不是拿来炫耀的东西。它只是实现目标的必要手段、基础条件、必经过程，就像你要烧开一壶水，一定要持续不断地加热。

但如果努力多年仍没有效果，就像持续加热 1 小时仍连 1 壶水都没有烧开，你就应该好好琢磨一下了。你是不是只满足于努力，却忽略了资本 + 信息这两条关键因素，就像那些在高原上烧了半天却依然只是一锅热水的人，只想到烧水要加热，却忽略了大气压强这一更关键的因素。

别投入那么多、折腾那么久，最后，只得到了一锅热水。

再多说一点。

很多人在努力许久，却仍无法改变的时候，往往都会谈到一个虚无缥缈的词：“命运”。

但在我看来，所谓的“命运”，实际上是由两部分组成的。

你不能改变却必须要承受的叫“命”，你可以改变却无法真正把握的叫“运”。

说白了，你有什么样的父母、你出生在什么样的家庭、有什么样的长相，这些东西都是“命”，决定了你的大半人生，自己却无法改变分毫。

而你考上了什么样的学校，选择读什么样的专业，毕业后找了什么样的工作，每天下班后又学了什么东西，甚至于你看完这篇文章、这本书有没有下决心去做那么几件事，这都是“运”。

现实生活里，命和运往往无形交织、相互缠绕，身处其间的你，犹如溺水之人，整天都在挣扎中度过，又怎么分得清哪儿是顺流哪儿是逆流、哪里有险滩、哪里有漩涡。

在这种情况下，你的拼尽全力也无非是让自己不至于中途沉溺罢了。

要想做到中流击水、浪遏飞舟，乃至顺势而为、直挂云帆济沧海，就一定要学会隔岸观“水”。

既投入其中，又能抽离之外，以一个更冷静的姿态、更清醒的思维，去认清你自己、去看清你所处的境遇，去思考你所缺乏的关键性因素，去找到能真正量变引起质变的道路。

这，可能才是拼尽全力的最高境界。

工作第一年，我就动了辞职的念头

我曾经在一个中央企业总部工作，在短短两三年的时间里走了别人可能要走七八年、十来年的路，获得了人生第一次很重要的晋升。

但事实上，那段日子里，我不仅不是一帆风顺、如有神助，反而是一路坎坷、跌跌撞撞，尤其是在刚工作不久的时候，我几乎陷入了绝境。

之前说过，因为那家央企已经多年没有招过新人，导致一个很严重的问题——他们都不知道怎么去带新人，尤其是怎么去教一个刚从大学出来一无所知的菜鸟。所以，从毕业前去报到实习开始，对我怎么上手工作、怎么熟悉公司、怎么学会与同事领导相处，基本上都是无人过问！

他们似乎觉得，人反正招进来了，扔在角落里自然就能成长了，最好过几个月就长成部门的栋梁之才，能独当一面。

因为实习时工作还比较轻松，也就是上班配合着主编、前辈做做选题，写写小稿子，也不怎么需要跟各个子公司、各大事业部打交道，下班回学校还能和同学一起吹牛，日子过得非常优哉游哉。

但很快，田园牧歌的时代结束了。从我正式入职开始，领导似乎觉得那几个月实习期的打杂，已经足够培养一个新人了，可以直接使用了。于是，开始直接给我布置专项工作，从选题策划、专题稿件撰写，到与各老总直接联系、与各部门沟通协调，担子全部压了上来，而那时，距离我正式毕业才刚刚 1 个月！

我并不是一个轻易服输的人，所以那段时间几乎是用了百分之一百二十的精力来工作，但我很快就发现，有些事情，不是你有梦想、敢拼命就能做成的，就像是长跑到筋疲力尽后，再怎么努力，你也跑不动了一样。

老总们总是很忙、部门里总是没空，你要采访的人总是推三阻四，你做的选题总是好高骛远，但又没人告诉你什么才是合适的，你策划的专题别的部门都不支持；而另一边，领导们根本不管你有多努力，他们关心的是你的采访没有完成、你的稿子里没有内容……我曾经试着和领导沟通，坦言当前遇到的困难，领导们倒也挺认真，陪着我煲了半天鸡汤，末了就是两句话：

“你要学会想办法。”

“别着急，我们年轻的时候也是这么走过来的。”

有用吗？

我至今仍记得，当那天我再次因完不成任务而被领导训得狗血淋头的时候，我第一次动了辞职的念头。在随后的一段时间里，这个念头越来越强，我给自己找了好几条退路：考研、考公务员、换工作，而且每条路都已做好了充分准备，我的好多同学、朋友也都支持我，这么一家不人性化的公司，留下来干什么！

是的，我几乎差那么一点点就辞职了，从当时来看，谁没有辞过职，多大个事儿啊？但事实上，从长远来看，却是我承认了职业生涯的第一步彻底的失败，我没有遇到所谓的办公室争斗，没有谁给我小鞋穿，没有谁刻意为难我，只是这家公司太大了，大到没法去关注每一个人的悲欢。

职场有时候就是这么现实，他们要看的是你做出了什么，而你在做出成果前有多努力，很少有人在乎。

所以，我其实，只是栽在了自己的手里。

当我做好准备，写好辞职信，悄悄打包好东西，准备彻底和领导摊牌离开这家单位的时候，我决定给家里打个电话，告诉他们我的这个决定。

而就是这个电话，最终改变了我的决定。因为，听着父母在电话里不停地担心我工作顺不顺利、生活怎么样、天气转凉要开始加衣服……闭上眼想着他们年迈的样子，想着他们在我进入这家央企时的那种由衷的自豪……辞职的话，我真的是一个字也说不出来。

我选择最后再搏一次，干不了我就辞职，反正辞职信都写好了，改下时间就立马能用。所以，脸也不用要了，稿子写不好，我就死皮赖脸找前辈提意见；选题做不好我就一次做好几个，一个个找领导讨论；采访被拒绝我就一次又一次地打电话，甚至下班陪着喝顿酒；对人不熟悉，我就报名参加公司内部的各种工会活动；办事能力不强，我就把工资的大部分用来报各种培训班……剩下的，就是天天锻炼身体，每晚做俯卧撑、仰卧起坐，保持良好的体力和精力。

年底的时候，我破天荒绩效全优，再后来，开始承担更多更重要的任务。

最后，我们再来谈谈，这次没有辞职、放手一搏给我带来了什么？是能力的提升、职位的晋升，还是薪酬的增长？是，也不仅仅是，对我而言，最重要的收获有两点：

（1）它大大提高了我忍受恶劣环境、面对困难坚持下去的阈值。从那以后，无论我在工作中遭遇怎样的困难，遇到什么样的挑战，每当我觉得快要坚持不下去的时候，总会想起自己刚工作不久时的这次“放手一搏”，然后再一次咬紧牙关。

（2）它无比清晰地告诉我，很多时候我们以为自己很努力了，只是达到了“尽我所能”而已，而非“竭尽全力”。当你把自己逼到没有退路的时候，这最后的一搏，有时候反而能创造奇迹。所以，每当我觉得我已经很努力、拼命到想要放弃的时候，都会告诉自己，“不，你还没有竭尽全力呢”。

直到今天，那封辞职信都还在我的电脑里存着，我希望，我今生都不会再将它交出去。

所有的奋斗
都是一种不甘平凡
s t r u g g l e

从实习生到第一次晋升，我只用了 20 个月

2

Par

不要轻信
“有能力的人在哪儿都一样”

01

朋友圈曾有一篇热文《我在部委这10年》，这篇文章的作者在某部委工作，30岁不到提副处长，34岁成了正处长，非常激励人。

我和一个中央国家机关的朋友吃饭时，正好聊到这件事情，他说：“那篇文章我也看过，她所在的部委是部级架构，但人不多，一个司局十来人，一个处就两三个人，领导职数比人数还多……我不否认她很优秀，但能提拔这么快，更大可能还是因为单位不同。”

说这话的朋友，毕业于清华，在最忙碌的两办工作，不仅优秀而且拼命，年纪和那个正处的女生差不多，目前却还只是个主任科员。他的领导也很想提拔他，但单位优秀人才多、领导职数少，一点办法都没有，只能接着等。

这东西跟能力无关，这就是平台的差距。

02

我还记得某位创业导师说他在招聘的时候，最讨厌的一类大学生就是眼高手低型，总以为自己很厉害，一来就想做经理。他给的建议是可以从厕所清洁工开始做起，那么以后也可能成为这个公司的总裁。想当年，这碗鸡汤不知道灌倒了多少人。

——对此，我只有两个字的评价：放屁！

上了这么多年学，就是为了从打扫厕所做起？那真是“胜读十年书”了，倘若这位创业导师 10 年都不去上厕所，那岂不是 10 年都见不到你的能力？

我们不否认，当你真的非常牛以后，在哪里工作都一样，比如从国企老总到地方要员（**葛红林**）、从微软高管到创新工场投资人（**李开复**）、从音乐人到企业 CEO（**高晓松**）……

但在职业开始的初期，更重要的东西却是：平台、平台、平台！

重要的东西说 3 遍。

如果你在职场里非常努力仍没法做到优秀、不能得到提拔，不妨回头看看，是不是这个平台本身就不适合自己，或者这个平台本身就没有多少发展机会。人的职业生命非常宝贵，不要把时间浪费在不合适的地方，莫名其妙地去经历那么多所谓的磨难、挫折。

我们不怕吃苦，但怕的是无原则的吃苦；我们不怕磨炼，但

怕的是无底线的磨炼。

尤其是，有些磨难挫折是你换个思路换个单位就能避免的。相信我，就算吃苦磨炼后你成功了，也一点都不励志，因为这是在走弯路。

对那些刚毕业或即将毕业的人而言，**人生的第一份工作非常重要，跨出去的第一步一定要想清楚。**

03

但问题又来了，其实很多人压根没弄清楚平台和工作的区别！

找了份汽车销售的工作，问我：你觉得这个平台怎么样？

还有人问我：准备考公务员，你觉得广电总局的 XX 职位和 XX 职位哪个平台更好？

拜托，你说的都是具体的某份工作好吗？

拿具体的某份工作来和平台对比，就像是拿“大学学什么专业”和“报考哪所大学”来对比一样。

用我通俗的比喻来说：平台就像是你们家的菜板，你找了某份具体工作就像是在上面切东西，菜板才不管你在上面切什么，切菜是它，切肉是它，砍排骨还是它。

但不同的菜板，切东西的感觉就是不一样，质量不行的菜板，很可能一刀下去就裂了。

所谓的平台，就是能无差别提供相同条件的基础环境。

当年我高中同学，理工男，以很高的分数考进了哈工大。

却学了一个奇葩的专业：电焊。

我们那时候都在嘲笑他：你毕业出来要当焊工了。

与此同时，我老家的一个侄子中学毕业去了一所职业技能学校，学的也是电焊。

然后，我同学哈工大毕业后，直接进入某知名汽车制造企业，成了生产线上的工程师。

我侄子拿了技能证书，在一家汽车修理厂，做焊工。

这情景，就像我小时候老家的农民经常互相嘲弄时说的话一样：

你看你也是当农民，袁隆平也是当农民，差距咋就这么大呢？

平台不是你找了一份工作，而是这份工作后面的东西：什么样的单位，规模怎样，效益怎样，待遇怎样，发展前景怎么样……

同样的一份工作，不同的平台，起点和结果差距巨大！

04

好了，例子举得差不多了。

那么问题来了，到底什么样的（职业）平台才是好的呢？

许多人会举出很多要点来：

钱多、事少、离家近、解决户口、晋升速度快、人际关系和谐、最好还能方便找个男 / 女朋友……

我记得马云说过，有这样的工作请给他介绍一份。

找这样完美的平台，就像要找一个韩剧里宋仲基那样的老公，或者小说里任盈盈那样的老婆。

不拼爹，说找就能找到的，请你写本励志书给我看看。

所以，用一句看似很鸡汤的话来总结：你需要的，其实是一个适合自己的平台。

这就要说到我的另一个观点了：

在不同人生阶段，不同的条件下，你需要的这个平台是不一样的。

比如，刚毕业的时候，你需要的可能是一个能尽情发挥你才能的地方，人际关系要和谐，名字听着要能吓唬住人，向上发展的机会要多一点，即使工资低一点、加班多一点、不那么稳定也无所谓。

到了 30 岁，当你面对生活的重重压力，你对平台的要求又变了，你需要的是一个工资高一点、职位提升快一点的平台，有些人为此宁愿放弃原本稳定的工作，也要跳出现有的平台。

中年以后，你需要的是一个工作稳定、能照顾家庭、收入不低的平台，最好是一些知名企业。

到了快退休的时候，你需要的是一个退休有保障、医疗有保障、工作不太累的平台，最好是某大型国企、政府机关。

……

这只是大的分类，具体到每个人，不同的家庭背景、面临的经济压力，甚至情侣间的感情状况，都会影响你去选择什么样的平台，在不同的平台里会过得怎么样。

彼之蜜糖，汝之砒霜。

所以，我经常说，**弄不懂自己有什么、还需要什么的人，永远也选不对自己要走的路。**

我并不知道到底什么样的平台才适合所有人。

但我却知道，每个人都应该怎样去找适合自己的平台。

05

下面是干货。也是我一贯的观点：

对年轻人而言，一个平台上最值得关注的东西，就三样：前途、钱途、潜途。

分别对应事业发展、物质基础和个人成长三个维度。

换句话说，就是看这个地方有没有发展前景（比如初创期的“滴滴”，虽然赔钱，但这种商业模式大家都认可）；给的钱够不够多（比如有一段时间的“华为”，不管别的怎样，工资就是高）；你在那里能不能得到锻炼、长本事（比如当年的“四大”，从里面出来的人，基本都炼成了真金）。

这才是实在货，除这三者以外，任何一个平台拿来吹嘘的东西大部分都是忽悠的，比如“著名 ×××”“国家 ××× 单位”“福利好”“××× 大人物就是从我们这儿出去的”“历史悠久”……

当你面临不同的平台，不知道该如何抉择的时候，就先拿这三个东西去套，百试不爽。

而如何对不同的平台做出精准判断，所依赖的就是信息的掌握了。

（1）社会公认度。比如，即使你完全不了解 BAT，但通过网上评价，大概也知道这三家公司是中国最大的互联网公司，待遇都不错，进了这样的平台，至少也可以镀镀金，等等。

（2）内部人士。可以找在该企业内工作的亲朋好友咨询，如果找不到也不要紧，有些问题可以在面试的时候直接问 HR，因为他就是这个平台的代表。

（3）第三方机构。互联网上有很多第三方机构会对你将选择的平台做出客观评价，比如一些找工作的 APP；假如这个平台已经上市，你还可以通过公开披露，了解它的财务状况、经营状况。

（4）利用去该平台实地面试的机会，抓紧时间观察分析。比如，从停车场的车特别是豪车数量对比员工人数，了解他们的平均薪酬水平；从卫生间有没有厕纸、厕纸是几层的，了解他们的后勤保障水平……这世界到处都是真相，就看你有没有一颗柯南的心。

除上面的方法外，学长还有个不传之秘，那就是通过各种方式进这些平台的内部网站、论坛、内部群等，只有在这样的地方，才会真正帮助你了解一个平台最真实的情况。比如，我当年对华为感兴趣的时候，曾长时间浏览他们的内部论坛“心声社区”，也是在那里，我知道了华为的很多真实情况：工作确实累、工资确实高、考核确实变态，以及，单身狗确实多……

最后总结一下：

首先，你要明白，在同等条件下，选择平台的重要性；其次，你更要清楚，选择什么样的平台是由你自身决定的；再次，你要学会利用渠道搜集信息，对平台本身做出正确判断。

最后，如果实在不知道自己适合什么样的平台，也不知道怎么去寻找和选择合适的平台，那学长告诉你一句大实话：

哪里钱多去哪里。

成不成看命，折不折腾看自己

“你们居然招了一个童工！”

这是几年前我刚工作时，单位一把手非常惊讶地对部门经理说的一句话。

那是一家有四五十年历史的老牌央企，架子大、平台好，福利也不错，但条条框框多，人际关系复杂。

这家单位招人很少，条件很苛刻，尤其是放在总部做行政管理的。

我刚去的时候，部门里最年轻的关系户也要大我好几岁，我因为人比较瘦小，可能也因为没有完全长开，显得很不成熟，完全不像一个已经参加工作的人，甚至都不像大学生，像个高中生。

而且毫无背景、毫无关系。

这样的我，在这么一个庞大的、运转有序的大央企里，完全就是一颗小小的螺丝钉，毫不起眼。

很少有人会想到，我在后面的时间里竟爆发出如此高的战斗力，完完全全颠覆了他们一开始对我的认识。

出于各种各样的考虑（比如不放心我的能力、工作实在忙不过来等），我是被单位通知提前三个月就开始去实习的，毕业论文和设计都是在上班间隙里抽空做的。

至今仍记得上班的头一天，除了兴奋和忐忑，剩下的只有一脸大写的蒙。

神秘的单位大门，绵延几百米的班车，数以万计的员工涌入各式各样的办公楼、研发车间。中午食堂里人声嘈杂，一桌人边聊着我听不懂的名词边吃饭；部门里此起彼伏的电话、传真、打字的声音，一排排临时存放涉密材料和文件的保密柜，打印出的堆成山的文件，同事们不停进出办公室开会、组织会议、给领导送件……

对我这样一个来自小地方、还没毕业的贫困大学生来说，这情景别说见了，想都想象不来。

晚上下班回学校，室友们仍然是刷贴吧的刷贴吧、开黑的开黑、扯淡的扯淡，我脑子里像放电影一样过着白天见到的场景，感到一阵恍惚，仿佛刚穿越了另一个世界。

一连好几天，我都不能适应自己已经真正开始工作的事实，不能适应一个国企居然有这么快的工作节奏，更不能适应那么多我此前从未见过、从未经历过的工作和内容。

实习的时间里，我曾经写过一篇文章给单位的内刊，叫《我的实习从接电话开始》——一点儿都不矫情，因为我所在的部门是办公室，承担着整个单位上传下达、联系左右的功能，电话非常多，而一开始，我真的连电话都不知道怎么接。

尤其是接到那些以前只在《新闻联播》里听到过的上级主管部门某部、某委，或者一些国外合作公司、单位用各种外语打来的电话时，只能是各种花式的蒙。

不说话吧，电话都接起来了；说话吧，真不知道该如何回复，才能显得很专业、很老练。

再后来，我毕业了，正式开始了试用期，接触的新事物就更多了，第一次参与给一把手起草讲话稿，第一次独立承担给兄弟单位发函，第一次组织一次会议，第一次给各部门负责人发邮件，第一次制订工作方案……每一个第一次，我都不知道犯了多少错误、闹了多少笑话。

后来我常想，很可能就是因为我一开始表现得那么菜、那么不知所措，降低了所有人的预期，后来工作出彩的时候，才会让那么多人感到欣喜，做出的成绩才会得到那么多人的认可。

我的试用期是 6 个月，年底，我收到了人事部门发来的转正邮件，至今仍保存着。

那是我工作后，获得的第一个考核优秀。

但从那以后，我所经历的每一次考核都是优秀，直到今天。

这就是我初入职场的故事。

接着我再跟大家聊一聊初入职场那一两年的一些心得，我后来常想，或者也就是这些习惯和曾做过的事情，帮助我度过了刚工作时那些不堪的适应期。

01

没事多总结

做一次总结，就有一次收获。这是当时我领导特别爱说的一句话。

刚开始工作的时候，我其实根本不知道自己能做什么、能做到怎样。尤其是很多工作都是第一次接触，也没有谁来专门指导你，都需要自己去摸索去体会。

所以，我几乎每承担一项专项工作，或者每过一段时间都会自己做个总结，看看哪些方面做好了，哪些方面做得不好，哪些方面还有改进提升的空间，哪些方面可以技术性选择放弃……这既可以帮助我更好地掌握工作诀窍，也能让自己更充分地认识自己到底适合什么、能做什么。

比如，我前面提到的接电话，除了每天观察那些年长的同事接电话怎么说，也记录下我曾遇到的难题，去分析不同的应对方式。一段时间后，我写下了那篇文章，其实写文章的过程就是一个回溯与总结的过程。

比如，很多毕业后到管理部门工作的人，都会参与一项工作：组织会议。这时候，经常就需要做方案，然后再按照方案去具体落实，等会真正开起来了，往往就会发现大的问题很少，但细节上的不足有很多。

我那时就发现，其实所谓的“会议方案”很多时候是给领导、给别人看的，什么目的任务、提醒要求之类的虚话太多，而关于会议本身的内容又往往很简略，很不实用。

对于会议的具体组织人员，需要更清晰、更简明、更全面的东西来具体指导，所以我在工作初期参与了很多公司内部会议的组织协调后，就自己总结设计了针对不同会议的工作清单，叫作“会议要素表”，从多个维度，把包括会议室布置、人员安排、物品准备、文件发放等各种要素整合起来。等到再需要组织会议的时候，对着《要素表》一项项落实、一个点一个点地打钩确认，基本可以保证不会落下什么，最重要的是，因为任务清晰，所以会议的筹备、协调都能井井有条，一点儿不慌。

事实上，工作中你做的每一件事情都是可以总结出很多经验的，这有点像读书的时候刷题，不做总结的人，这次做对了这道题，下一次换个样子、改个数字，就做不来了。而那些学霸们，则一定是善于总结的人。

02

带着目标做事

这是柳传志管理日志里的一句话。当年看到的时候，就牢牢记住了。

因为这句话揭示了一个朴素的道理，那些和你一起工作的同事，如果一段时间后别人成长更快、表现更好，很有可能就是因为他做事的目标更明确、更用心。

我们刚开始工作的时候，可能都只能接触边缘性、辅助性工作，也就是杂事，但每一个人对待杂事的不同态度、做杂事的不同方法，很大程度上决定了试用期后的工作表现。换句话说，你心里得有一个小算盘，明白做怎样的事情、怎样去做事情，才能让自己尽快摆脱菜鸟身份。

比如，一件很简单的事情：帮领导订一张机票。一般人可能就随便看一下机票的情况，进行网络预订，然后告知领导航班号和时间就算完了。还有一种人，会想得多一点，看下航空公司、抵达时间、费用等，综合各种情况订一张票，并告知领导为什么要选择这趟航班。但真正用心的人，会设身处地去思考，除了订一张机票，可能还会顺便了解下：（1）需不需要订返程票，返程有哪些航班，领导一旦问起来，自己有没有建议；（2）要不要提前去值机，领导对座位有什么需求，能否提前打印机票送到领导手里；（3）出发当天的天气情况如何，需不需要提醒领导司机或者帮领导叫车；（4）抵达地的天气情况如何，应如何着装……待全面了解情况后，简练地给领导发一条信息，告知航班号、起飞时间、车什么时候到哪里去接领导、抵达目的后有没有人接机、当地的气候怎样等。

没有目标的人，看到一项工作，想的只是尽快地完成这个任务，这是一种单项思维，把自己当成了工具；而有目标的人，则想的是通过做这项工作，自己能得到什么，考虑的维度自然会更多一些。

03

年轻别怕折腾

这里的折腾当然是褒义，指的是不怕多做一点、不怕多想一点，更别怕多尝试一点。

我清晰记得，在实习的时候，那年六一，单位里办了个集体亲子活动，拍了很多照片，领导让我用这些照片做个宣传 PPT，在单位的网上给大家放一放。

我先找了一个他们之前组织别的活动时做的 PPT，发现做得就像是一个简单的电子相册，用到的动画也只有 Office 自带的进入进出动画。

因为大学里有一些底子，我很快做完了，按要求这样就可以交出去的，但我又想了想，觉得反正有时间，为什么不能按照自己的理解做个其他样子的 PPT ？

于是在网上找了很多参考，自己研究了半天，做了一个利用很多简单动画效果组合成复杂效果的 PPT。然后，带着两个 PPT 去给领导看，告诉他按照之前的模板我已经做好了一个，然后自己又研究做了一个不同的样式。虽然并没有得到领导的认可，但第一，给领导留下了一个比较深的印象；第二，自己又学到很多新的技能。

不要小看这一点一滴的积累，很可能你做了这些，领导也看不到。但你这么去做了，一定会有收获。

一项再难的工作，等你上手之后，很多时候就变成了熟练工。你就像是一个勤劳的建筑工人，每天都在砌墙抹灰，但做得再多，也不可能让自己成为建筑师。你需要不断去尝试新的突破，去看看自己的潜力到底有多少。其实，这也就是很多职场经验里都曾说过的，要跳出心理舒适区。

你看很多名人的传记会发现，成功的过程其实也就是不断试错的过程。很多事情，你尝试了不一定就能有所成就，但不去尝试，则一点儿机会都没有。

写了这么多，才发现其实关于职场的经验，我还有太多没有总结，因为这些年一路走来，经历了那么多，有太多想说的。上面所说的，只是我回想刚工作的一两年里，一些比较深的体会。

最后给大家灌一句鸡汤，这也是我刚工作时，一个快退休的老大姐对我说的：

工作里，你不要看别人做了什么，又得到了什么，而是要想明白自己要的是什么，你知道自己想要什么后，才会知道自己该做什么。

这句话不做解释，供大家在工作中慢慢体味。

工作无小事，可也别总是干小事

领导交给你大事，是因为你小事干得好吗？

新人进入职场，最开始面对的一定是一堆乱七八糟的小事和杂事。

部门里新来的员工，无论毕业于什么名校、有多优秀，一开始我一定只是让他打杂。别人做 PPT，他负责找素材；别人做方案，他负责接电话。别人写文章，他负责校改错别字……

这是接触工作内容、熟悉环境的第一步，也是考验一个新人表现的第一关，会不会做事，有没有责任心、耐心，工作态度怎么样，与人沟通怎么样，学习能力强不强，都可以在这一段时间里大致看出来。

但是，一定要注意：

就是这最开始的第一关，也是最可怕的雷区，许多人的职业生涯就断送在了这里，而且很可能自己一辈子都不知道原因。

比较明显的雷区是，如果你长期只满足于做小事、杂事，很可能就这么一直做下去了。接打电话、处理文件等事务性工作，大部分都是不用动什么脑筋的，当你熟悉流程后，干这些活会非常得心应手，时间长了，你会很愿意沉浸在事务性工作里，因为太舒服了。

这是很可怕的，这意味着你一开始就走进了职场的误区，因为在大部分的企业里，满足于只做事务性工作的后果就是——普通员工。

你能做3个月、半年甚至1年的小事杂事，但3年后呢？5年后呢？

李开复曾在一篇文章中写过：要鼓励有上进心的年轻人挑战自己……不要把时间浪费在“安稳”又重复性的工作上，而要以“成为某个特殊又有用领域的最顶尖人才”为目标、为己任。

除此之外，还有一个隐藏很深的雷区，那就是：杂事这种东西，做得多，错得多。

几乎所有的成功人士都会告诉你：要从小事做起，等你小事做好了，领导才会交给你大事。

但你有没有想过：要是领导压根就没有想过要交给你大事呢？

我所知道的一个领导，对于那些他看不顺眼的新人，整治的方法就是用这招：不停地给新人布置无穷无尽、容易出错的事务性工作。

然后，发现新人哪里错了或者疏忽了就批评他（任何一个新人面对这么多杂事的时候，不错是不可能的），时间长了，新人对自己的能力都会怀疑，什么事也不敢做，有些严重的，可能职业生涯就毁了，从此只能做更初级、更简单的工作。

领导不停地交办杂事给你，做完 1 件还有 10 件，没完没了，你还干得很开心，以为事情多就是锻炼多，工作的经验肯定也更多，以为这就是得到了重用。

事实上，过多的小事杂事，只会影响你的判断、消耗你的精力、干扰你的职业规划。

做事如用兵，庸兵 10 万不如精兵 1 万。

打仗最忌讳的就是战线拉太长。各个环节都容易出问题，而一支精兵则可以纵横捭阖，虽面对数倍敌人也能无往而不胜。

所以要记住，一定要把小事做好，但一定不能只满足于做小事，特别对于上司没完没了地交给你小事杂事，一定要警惕，这很可能是刀不见血的办公室斗争。

职场里，必须要有自己的一技之长，必须要有手头办理的重要事项，否则一直打杂甚至是给别人打杂，终将一事无成。

你对工作没兴趣，
难道还指望工作对你有兴趣

很多朋友问我，为什么自己对工作完全提不起兴趣，觉得太枯燥了。只要不工作，不管是看电影、玩游戏还是打篮球，都觉得很开心。

我身边通常有两种常见的人群不想工作。

第一种：太闲了，不想工作。

我在国企时候，遇到过许多“关二代”，就是关系户的孩子。其中，有一个极品关系户，女孩子，长得很漂亮，每天到了单位就是睡觉。睡醒了，看一看周围的情景，继续睡。

当初面试的时候，面试官问她是哪个学校毕业的，答：不记得。问她学的什么专业，答：忘了。

我当时就想，幸亏她还记得自己的老子是谁。

后来，她的工作是部门助理，就是帮忙做做考勤、发发通知、订订车票，相当无聊。所以，她曾无数次地跟我说：不想工作。

第二种：形成惯性，不想工作。

我的大学也还算名牌，牛人很多。有个室友来自山区农村，

家境贫寒，自傲又自卑。入校后成绩不再出众，再加上自卑，后期干脆破罐子破摔，逃课、挂科。形成惯性后，非常可怕。明明该找工作了，却还躺在床上看美剧，明明已经很着急了，却还是选择不动。后来工作不尽如人意，也经常跟我说：不想工作。

这两种不想工作本质都是自我认知的问题，第一种是不知道自己能做什么，不知道手里的工作有什么意义；第二种是错误地估计了自己，不是高估就是低估，面对差距的时候不知所措，越不想动差距越大，差距越大越不想动，恶性循环。就像是你跑马拉松，原本感觉良好，结果一起步就被甩在后面，越到后面越没有迈步的动力。

我想说的是，如果是第一种，相对好办，找找自己真正想做什么，去做就好了。我前面提到的那个“关二代”，后来还是离开了国企，自己去开了淘宝店，赚不赚钱无所谓，至少自己玩得开心。

唯独第二种，隐藏很深，更普遍，也更难调整。因为，第二种的“不想工作”，不仅仅是不想去上班，更意味着你不想改变目前的状态，即使你内心深处认为这样并不好。

没办法，正确地估计自己，及时地调整自己，太难了。

这不是心灵鸡汤，不是一句“改变自己，就能改变世界”就完了。

首先，你得先跟自己的惯性做斗争，改变自己每天的生活习惯、工作习惯，慢慢积累有利于工作的正能量。

但更难的是，你得跟你的思维做斗争。不改变思维，只是调整工作的状态，迟早会失去动力，再次陷入不想工作的惯性循环。

无论你现在是否工作、从事什么工作，必须要承认自己目前的状态并不适宜，那么，深入地思考后，请给自己虚拟一个理想的可能——颜值爆表、出任 CEO、迎娶白富美……总之，一个更适宜的状态。

你要相信，在目前的你和虚拟的理想未来间是可以找出联结路径的，把这个路径和你每天调整的小习惯结合起来，把它分解到每个小习惯的养成中去。

目标、动力、小的调整、习惯的累积……我相信，只要你去做了，就会看到改变的发生，到那时“想不想工作”将早已不是问题。

把菜鸟做好，才有望做凤凰

01

数学家马克·卡尔曾说：天才有两类。有一类天才，他们的思维没有什么神秘之处，只要比你我聪明一点就可以做他们的事；另一类天才则是真正的魔术师，即使把他们所做的事讲给我们听，我们也弄不明白他们究竟是怎么做的。

如果我理解没错的话，他所说的第一类天才，最准确的说法应该就是“人才”。因为天才是不需要炼成的，比如牛顿公爵。

如果和20来岁的牛顿相比，全世界绝大多数人都会无地自容，22岁证明二项式定理，独立发明微积分学。24岁初步构建光学和力学体系，开始研究分光计和万有引力。25岁发明反射式望远镜。26岁上卢卡斯教席。30岁之前基本完成所有重大成就。30岁以后，主要用来吵架和研究神学。而且，按照罗素的看法，牛顿在神学上的造诣其实相当高。

当然，我们都知道，伟大的牛顿和伟大的爱因斯坦一样，小时候都并不是一个天才，直到，那个著名的苹果砸到了他头上。

在牛顿的墓地上，写着至高无上的墓志铭：

这里长眠着伊萨克·牛顿爵士。

他几乎是用神的力量，首次用数学方法来探索行星的运动和形状、彗星的路线、大洋的潮汐……

墓志铭的最后一段写着：

人们应该感到庆幸，因为他们中生活着这种人类的骄子。

02

在电影《莫扎特》里，专门给天才莫扎特设定了一个反派萨里埃利，他拥有地位，却拥有不了莫扎特的天赋，他费尽一生心血，想要毁掉莫扎特，结果却只是成全了对手不朽的名声。

我们更应该感到庆幸，庆幸你的身边不是个个都是牛顿、莫扎特，却只有你一个人是李二狗、张全蛋、王尼玛，或者是更悲催的萨里埃利。

就像乔布斯说的，**你必须要意识到，这个你称为生活的世界，是由一群并不比你聪明多少的人所组成的。**

大多数凡人能做的事，你总可以做到。当然，这句话的意思也就是，你多数时候也只能做那些凡人的事。

许多人小时候自以为是天之骄子，长大后都会怅然地发现早已泯然众人。真正能走出来的少之又少，而成长的过程就是不断认识到自己不是世界中心的过程。

只有当你接受了自己不是天才的设定，才真正进入“人才”炼成之路上的新手村。

03

现在我将以我的亲身经历跟你分享一款“如何在国企升级”的游戏。

这是一个博人精深前途远大的游戏，体现在：游戏的老板是国家，游戏的管理员是政府，游戏里面有无数高级副本，单个副本里可能掉落的金币就能比别的游戏整个系统里的金币还多。

由于玩家容量有限，这款游戏实行了限号进入，每年能进入这款游戏的玩家并不多。

游戏里不仅有人民币玩家甚至还有 GM 玩家，当然像你这样每月领点卡的玩家也不少。这款游戏与现实里游戏最大的不同就在于，现实里玩游戏是要每月充点卡花钱的，这个游戏是每月领点卡赚钱的，你要是干得好，还能得到额外的金钱奖励。

只要你足够厉害，游戏里会有数不清的精英任务等着你去做，最终赚得名利双收，甚至成功逆袭变成游戏管理员，但也有很多人终其一生也没有走出新手村。

进入游戏后，你举目四望，发现你的身边是张三、李四、王二麻子。名字不要紧，因为你在升级的路上，总会和他们分道扬镳，不是他们赶不上你升级的速度，就是你赶不上他们刷履历的进度。

04

接下来，再让我们来看看，新手村都有些什么规定吧！

第一条，你需要和新手训练师搞好关系。

作为一名新玩家，进入游戏后第一个接触的就是新手训练师（导师、师傅、直接领导等）了，他会带着你慢慢熟悉游戏环境，了解游戏里都要干些什么，教你按游戏里的要求熟练使用 WORD、PPT 以及复印机、传真机等道具，给你安排一些新手任务。有些新手训练师如果对你特别欣赏，甚至还会主动给你开个外挂（破格），帮助你更快升级。

一切的一切都取决于你怎么和新手训练师处好关系，要是你一来就得罪了训练师，后面的日子将会十分煎熬。

第二条，认认真真做好日常任务。

作为一名新玩家，高级任务是跟你没什么关系的，你在新手村主要干的就是做好日常任务（打杂）。同时努力从完成这些日常任务里，提升自己的经验值。

所以，特别提醒，挂机（不用心）做任务是提升不了经验值的，你只有用心对待每项任务，并从中总结经验，才可能慢慢接触到更高级的任务。当然，像每天都安排你给领导买外卖、咖啡之类的事儿，在这款游戏里是比较少见的。

第三条，学会组团做任务。

你很快就需要接受一项专业训练：团队合作。

因为游戏里的大部分任务都不是一个玩家能够完成的，当你参与组团做任务的时候，恭喜你，说明你在游戏里的角色得到了认可，大家开始需要你了，而被人需要，正是这款游戏里最有效的升级方式。

开始参与组团做任务，你需要特别明确自己的定位：辅助。

好好发挥自己之前做新手日常练就的能力，运用各类道具，帮助团队加快任务进度。另外，组团去做任务要能忍，不能受点委屈就开始埋怨。

这款游戏没有隐私，即使你在私人频道里忍不住骂上几句队友或者 GM，很快整个游戏里的人都可能知道了。所以，一定要管好自己的嘴。

当你做完所有新手日常，刷完所有低级任务后，你将会升到一个关键的等级（比如专员或者助理工程师），这将会是一个转折点。

这意味着你的能力已经超越新手村要求，需要到下一张地图了。

当然，你也可以选择一直留在新手村，过点简单日子，不要太累，也不要太辛苦。

但更大的世界，就与你无关了。

在努力面前，选择同样重要。

05

从新手村走出来后，你将面临两大天赋树系统：

一条叫管理天赋，顺着这条天赋树一路点下去，你将经历主管、部门经理、事业部负责人或区域负责人、总监或分公司副总，一直到公司高管，甚至直接从这个系统跨入“政府”系统。

还有一条叫专家系统，顺着这条天赋树一路点下去，将经历工程师、高级工程师、教授级高工、总工程师，乃至专家院士，成为国之重器都是有可能的。

当然，这两条天赋树并非完全平行，中间会有很多交叉，比如，很多专家型科研工作者同时还点了一部分的管理天赋，往往还会兼任企业领导职务——这也是企业对他们的另外一种奖励。

和天才相比，人才最大的特点就是这两条天赋树得一级一级往下点，即使偶尔加速，最终要到达天赋树的顶端，也几乎会耗尽一生的心力。

你再和牛顿比一比，这家伙压根就是开了无数个挂，很明显，要不然就是上帝给他开了外挂，要不然就是他自己发现了后门。而且，从这个角度理解，牛顿后半辈子的主要想法就是找出那个写原始代码的人，来看看自己到底有没有开挂。

就我在企业里所见而言，即使你很有能力，这一路走上去也几乎没有捷径。那些能在这个游戏里做出成绩的人，基本都将加班变成了家常便饭，将工作变成了日常生活，早已分不开了。

我刚去的时候并不太能理解这种工作模式，是啊，难道一辈子这么辛苦就是为了那一点点待遇，或者追求一个荣誉吗？如果不是的话，又靠什么支撑着一路走下去呢？

直到有一次听单位里的老院士讲党课，他虽已退休多年，至今仍然在带项目，就像没有退休一样。他从自己大学毕业进入单位干科研开始讲起，讲到怎么在一穷二白的情况下突破外国技术封锁，怎么和更老一辈的科学家一点点打下技术的基础……

在讲课结束的时候，他随机回答了一些问题。下面坐着很多年轻工程师，有些问了学术的问题，有些问了工作的问题，其中有一个很认真地问了一个很实际的问题：“当年条件那么艰苦，您是靠什么坚持下来的？”

老院士想了一会儿，只回答了两个字：“热爱。”

当年，牛顿从苹果落地导出了万有引力，有人问他有什么诀窍，他回答说：“我并没有什么方法，只是对于一件事情做长时间的思考罢了。”

我也是直到工作以后才明白，“保持对一件事情长时间的关注”，其实是一件非常困难的事情。而从新手熬成专家，成长之路既漫长又艰辛。特别是在国企里，相对于私企和互联网企业，并没有什么高薪激励。能够刺激你不断进步的，可能真的就只有对所从事工作的热爱了。而这，也正是那些成长为人才的人身上最重要的素质了。

初入职场，学会思考让自己更快成长

01

工作初期是学“成功经验”还是学“失败教训”？

很多人进入职场后，会急切地寻找各方面的指导和帮助，上知乎、订阅微信公众号、读畅销书……东西看了一大堆，真正能触动自己的却很少。这是因为，这些内容大部分都是成功者的“成功经验”，鲜有真正痛彻心扉的“失败教训”。

在我看来，工作初期只盯着别人成功的经验并没那么有用。一方面，许多人成功后总结经验时往往会掺杂大量的渲染、夸张（比如，每年都能听到许多高考状元侃侃而谈，自己是如何如何不学习，天天吃喝玩乐然后考状元的。你信你去考一个？），并不会那么真实；另一方面，成功的经验太多、太泛了，听多了更不知道该信谁的。

失败的教训之所以珍贵，就在于真实。在经历惨痛失败后，回头总结的教训总是会分外深刻和打动人心。此外，与成功经验不同的是，你按照别人的经验去做不一定能成功，但如果你无意中也走了别人曾经失败的老路，那多半会失败。每一个失败的教训都代表着你前进路上可能遇到的坑，你能早一点知道该是多么幸运。

自己的失败教训也一样，这就像是高考复习时的“错题本”一样，在复习后期，对一道错题做一小时的深刻分析比你用一天时间做100道对的题还要有用。

所以在职场里知道别人是怎么得罪领导的、是怎么踩了雷区、是怎么被同事排挤、是怎么不断犯错、是怎么泯然众人的……对你的触动和启发，可能比听一个大牛分享10条“成功学”还要多。

更重要的是，当你有机会与一些职场达人交流的时候，请不要把注意力只关注在“你怎么工作那么顺利？”“你是怎么当上领导的？”这种问题他们答得多了，基本上不过脑子张口就来。而你问一句：“工作这么多年，你觉得自己还有什么不足？”或者“你在工作一开始犯过什么错，是如何调整过来的？”可能会得到更多更真实的答案。

如果你能在职场里碰到一些前辈愿意真心分享他们工作中的“失败教训”，请珍惜。

我虽然强调“失败教训”，只是为了启发大家换个角度思考问题，并不是真的排斥“成功经验”，我所鄙视的是一群失败者的

“成功经验”。我也很不能理解，为什么现在许多微信公众号和知乎答案里，都能看到一群自己工作一塌糊涂甚至职场失败到只能辞职当网红的人，来给大家大谈特谈“职场成功经验”，灌“励志鸡汤”，这和当年一帮“神医”“气功大师”给人开安慰药有什么区别？

02

工作几年后是选择继续“熬”还是果断“跳”？

这一条许多人可能都谈过，但他们多是从客观理性的角度，分析跳槽的利与弊、最佳跳槽时机等。

我却更喜欢揣摩人性，在我看来，工作两三年积累一定经验后，许多人之所以在“跳槽”与“继续熬”之间摇摆不定，许多时候只是出于一种患得患失的心态。

不知道大家有没有排过队，不管是机场过安检、景区等着上厕所，你总会感觉你排着的这个队前进很慢，要让你换支队伍排吧，又觉得在这个队已经排了这么久了，真下定决心换队伍吧，又怕自己一走原来的队伍变快了，更担心原本排在你后面的人，比换了队伍的你还要快。

这也是许多人在工作两三年后的“跳槽心理”。跳出去后觉得不如不跳，留下来又觉得心有不甘。

如果跳不出这个心理怪圈，你永远都会有得不偿失的挫败感，更永远找不到跳槽与工作之间的节奏点。

说了那么多，我分享下自己在这方面的思路，那就是：**哪个好，选哪个。**

你可能会说这不是废话吗，鱼与熊掌不可兼得啊。其实通过特殊的邪招，你即使不能兼得，也能都尝了之后再选择。

工作两三年后，在真正打算跳槽前，我就开始重新做自己的简历然后放到网上，或者故意去投一些自己感兴趣的职位，甚至会找一些机会去参加一些单位的面试。

虽然不一定真的马上要跳，但这样做，一方面通过简历的通过率和与不同单位间的沟通面试情况，可以更方便地帮助你明确自己当前的市场价位，甚至能大致摸出这时候跳槽找工作的“上下限”，这个过程中如果有明显突破上限的机会当然要抓住；另一方面，更重要的是，你可以更清晰地知道自己能力与经验上的不足，如果这些不足能通过你当前的工作补回来，则不需要那么急着跳。如果当前的工作明显不能弥补你的不足，那当然要想办法跳了。

要知道，找工作、投简历、面试完全不需要在你打算跳槽的时候才进行的。

为什么我会称这个为邪招呢，因为这对大多数公司的 HR 而言，都是极不友善的行为，耗费了他们的人力物力筛选简历、组织面试，而你只是去打个转看看而已……说实话，很过分……

03

职场里不只讲“方法”，更要讲“心法”。

其实，我对职场里大多数做事的成功方法和经验，都是抱怀疑态度的。

因为每个人面对的工作环境、人际关系以及个人的天赋、能力基础都是不同的，同样的做法别人得心应手，你照着做就可能发现各种别扭，除了使用办公软件类的方法，很难真正找出放诸四海而皆准的职场“成功学”。

我曾经与许多在事业上很成功的人交流，试图去总结他们的共同点，更想要抽丝剥茧、提纲挈领地找出一些普适性方法，但发现真的很难。

不过，通过大量的交流与分析，我还是提炼出了一些成功人士总结经验时的共同点，其中的一点我感触十分深刻，那就是：**他们始终对自己过去的每一段经历充满感恩。**

我们老总聊天时曾说起，他觉得当年上山下乡赶牛放羊的落魄经历，对他以后的成长发展影响深远；一位非常有魅力的正厅级干部，当年受人排挤，去了一个闲职部门，一待就是10年，后来被重新重用，每次回忆起他赋闲的10年，居然没有一点抱怨的样子，反而充满感情……

我曾苦苦思索，为什么他们都会对过去的经历有这种感觉，这到底代表了什么样的特质和为人处世的方法。

直到有一天我豁然开朗，这根本不是什么做事的具体方法，而是一种很厉害的“心法”。

站在当前，对自己过去一切的充分肯定，不管过去是近路、小路、弯路还是回头路，都是你走过的唯一的路，你怎样看待这条路，这条路也会怎样地去影响你。

这种心法最厉害之处在于，可以永远使自己处于一种积极向上、勇往直前的精神境界里。

想象一下，如果你对过去的失败总是充满悲观、避而不谈，如果再遇到类似的挫折，会不会更加信“命”，更加没了去面对、去解决的勇气？而如果你换种思路，把过去的每一段经历都当成是修行，再大的困难都没有打倒你，你还反而从这种不利的环境里汲取了力量、得到了提高，那还有什么东西能阻挡你的脚步？如果条件和环境更理想，岂不是会发展得更好？

我只想强调，工作初期，可能每个人的注意力都集中在做好事情、处好关系等具体的方法上，但时间一长，一定要从更高的思维层面去找问题、分析问题、处理问题，一辈子都只满足于研究工作方法，也就只能被具体的工作束缚一辈子了。

老规矩，说了那么多“道”的东西，也给大家准备几条小提示。

第一，刚入职的新人要不要表现得很积极？

这是许多新人的共同疑问，但已经有了很好的答案，那就是做好“期望值”管理，你一上班就开始每天没事加班加点，一早来打扫卫生，晚上还等着所有人走了才走，你能坚持多久？关键是，你这样做的时候不一定有人夸你，但有一天你坚持不下去了，一定会有人指责你。

相反，你一开始表现正常，后面表现出众，才会更让人惊艳。所以，最好的方法是表现“积极的态度”，而不是做大量“积极的工作”。

比如，领导交给你一件事，你提出好几种看法，表示你能为了工作做更多思考；真有需要，就留下来和大家一起加班，表示你是为了工作可以不惜力的人等。

我之所以不厌其烦地再讲一遍，是因为我觉得，做好期望值管理真的是一个好方法。

第二，如何快速度过刚工作时的“初适期”

一般新人刚开始工作时都容易陷入不知道干啥也干不了啥的尴尬境地，看着大家都在忙碌心里很着急，但又不知从何入手。

我有个操作简单又很有效的方法，那就是多学习使用工具。入职后，优先去摸索研究单位里常用的一些办公用品，如打印机、复印机、传真机（有些几十万、百八十万的复印机还是需要好好研究下的），包括会议室的投影设备、视频设备，同时多掌握一些常用的办公软件（Excel 的函数分析、图表，PPT 排版，Project 计划表、SAP 系统等）。

工作的方法、思路、心法都是需要工作一段时间，有一定的积累后才能理解总结的，当然工具也不是你学一点就能看到自己的进步，更重要的是你掌握这些工具后，可以很容易地融入或参与到部门工作中，因为任何一项工作都会有使用这些工具的时候。

工具这种东西就像游泳骑自行车一样，学会了就是你的，我见过许多从知名咨询公司出来的人，别的怎么样我不敢说，但PPT和Excel绝对玩得很溜，VBA写得超棒，一出手就会让人觉得“很专业”。

刚毕业的学生
如何处理好职场的人际关系

01

你得先弄清楚最根本的一条，职场里人际交往的本质是什么？

很多人并没有明白，单位招你来是要做事情的，不是要你来交朋友的。本质上，你既不需要讨好别人，也不需要畏惧别人，你的任务只有一个：干好工作。除此之外，再学点东西，养家糊口。

通俗地来说，就是八个字：**学习成长，干活拿钱。**

至于其他的什么职场人脉、同事评价、领导看法之类的东西，都是建立在这八个字基础上的。

如果你工作干得不怎么样，即使你把办公室里所有人都发展成了兄妹也没用，真正出问题的时候，谁也不会帮你分担，换了家公司还得从头来过。

如果你负责的工作推动有力、落实有效，即使你每天都是独来独往，私下里与同事从无交集，也不要紧，依然可以混得如鱼得水。

——不是你与人为善、谁也不得罪就叫人际关系好。

——不是你逢聚会必到、到必埋单才叫会做人。

——更不是你天天跟这个谈心、请那个吃饭才叫建立人脉。

至于那种一进公司就上下来事，把官场里师生提携、校友互助、老乡抱团之类的那一套弄到企业里去，寄希望于不用靠脚踏实地做事就能混得风生水起的做法，我更是强烈不推荐。这种投机短期里可能可以取巧，长期来看有害无益。

要知道，古往今来所有的领导，上到皇帝天子，下到你的经理主管，甚至是读书时的班主任，都不喜欢看到下面的人拉帮结派、抱团取暖。

工作以后就该明白，你没有必要和所有人成为朋友，如果你做的一件事，是需要你和对方成为朋友才能推动，要么是你的方向错了，要么是这家公司整个运作方式就有问题。

02

前面说了，职场里的人际关系是应该建立在工作基础上的。

特别是对于刚参加工作，要资源没资源、要经验没经验的新人而言更是如此。

在这个大前提下，你讨好别人也好，忍气吞声也好，私下请客吃饭也好，针锋相对也好，都是为了更好地完成工作的一种“沟通协调技巧”而已。

而这种技巧和能力，是可以学习锻炼的。

在不同的平台、不同的职位、不同的场合，这种能力技巧的要求不同，但有一些特质是相通的。

第一，学会建立你的职场人格。

在影响一个人晋升的各种因素中，工作表现只占10%，给人印象占30%，而在组织内曝光机会的多少则占60%。

——哈维·柯尔曼

这是许多刚毕业的学生所不能理解的，职场中的你和生活中的你可以完全不一样。

生活里唯唯诺诺，职场里可以咄咄逼人；生活里小心翼翼，职场里可以一往无前；生活里是个小公主，职场里可以当个女汉子……

这只取决于，你想在职场里成为一个怎样的人。

一个有志于当领导的女生，不管在男友面前多么小鸟依人，职场里也不可能矫揉造作；一个只想安稳度日、三餐饱腹的人，不管在父母那里多么蛮横不讲理，职场里遇到委屈也只能忍气吞声。如果你一开始给别人留下了好欺负的印象，就别怪别人拿你出气；如果你不想做个职场“开心果”，就不要在别人随意取笑自己的时候随声附和；如果你不想做个同事吐槽的“垃圾桶”，就请在他们八卦扯淡、吐槽的时候背过耳朵。

你不是水，不是这个公司里需要你怎样、同事希望你怎样，你就怎样。如果换个公司？换拨同事呢？

初入职场的人际关系，是你在适应别人的同时，别人也正在适应你。而这种适应一旦建立，就很难被打破。

你给自己划定了底线、原则，慢慢形成自己的做事风格，本质是在帮助别人适应你。

建立职场人格，最实用和快速的方法就是“对标学习”，对象就是你的上司、领导、优秀的同事，或是其他你觉得值得学习的对象。

初入职场，你要学会观察、模仿，看看他们是如何与兄弟部门沟通，如何应对上司，如何对待同事，说了什么样的话，特别是一些极端情况下（争吵、互撕等），看他们是如何应对的。

这种东西，大部分都得靠自己来领悟学习，但也有些人特别幸运，刚工作就碰到一个优秀的领导，带着学几年，自己也变得非常厉害。

什么样的将军带出什么样的兵，就是这个道理。

第二，学会控制情绪。

情绪失控是职场大忌，因为你完全不知道当你受委屈了、爆发了、发泄了之后，会是什么后果。

不久前，我刚接到一个求助私信，小 A 是个情绪比较敏感的姑娘，前几天工作时和别的部门同事发生矛盾，别人不配合，小 A 愤怒之下和别人吵起来，而且撂了狠话。

但和她吵架的同事是很有背景关系的，所以吵完后小 A 很怕，担心自己被公司处理，问我该怎么办。

在我看来，这种事情就不应该发生。你的目标是要完成工作，对方不配合，你需要的应该是调动一切方法去促成他的配合，找领导、说好话、软磨硬泡，这都是方法，唯独吵架，只会让事情变得更糟。

大脑处理情绪的部分是有优先级的，一旦你动用了情绪，大脑就很难冷静思考。

同样的问题，你请领导出面，很可能三言两语就解决了问题。

这是因为领导跟那个人的关系好吗？

不是，这就是沟通能力上的差异。

第三，学会利用手里的牌。

当你做好了前两点，已经和职场里许多人建立了人际关系，甚至有些还因为相互合作特别愉快，发展成了私底下的朋友，那么，你就该学会怎样去好好利用这些已有的人际关系了。

正向的，如拓展人际关系链条，找人牵线搭桥等。反向的，则是突破人际关系障碍，使自己在各个方向上都不会有“敌人”。比如，A 对我有成见，但 A 和 B 关系不错，之前你的工作一旦经过 A，一定会受阻，但当你和 B 建立良好的关系后，就可以利用

B 去间接影响 A，而没必要自己上去死磕到底。

学会利用你已建立的人际关系，去解决职场中与人交往的矛盾、问题，学会更有策略地运用其他人的资源推动工作，这是更高层级的人际交往技巧。

也是许多职场大牛必备的能力之一。

03

针对职场人际交往里许多新人感到难以处理的状况，我再分享一下自己的经验和看法。

第一，同事的活动、聚餐要不要参加？

有原则地参加。我曾经自己总结过一句：同事聚会就像是大学逃课，每次都参加和一次都不参加是一样的效果，都是费力不讨好。

过多的同事聚餐，既耗费精力、占据时间，也容易将自己卷入职场纷争中，甚至会有被迫站队的风险。

但领导发起的部门级聚会，一般应该参加。有重要意义的聚会，如结婚、生日、离职、入职等，应该参加。其他的，尽量不参加。

要做到这一点，你需要给自己划定原则，学会说不。不要担心被同事孤立，这只会进一步塑造你在职场里鲜明的性格。

真正最容易得罪人的，是毫无原则的人。同事聚会你参加了 10 次，哪怕有一次没有参加，别人都会觉得你“不合群”。这玩意儿就像喝酒一样，你一开始就滴酒不沾，大家反倒不觉得什么；你开始时来者不拒，后面只要有一次不喝酒，别人就会觉得你不给面子。

第二，遇到办公室斗争要不要反击？

最好不要。领导给小鞋，同事说坏话，背后捅刀子，这都是职场里难以避免的。

许多人受了委屈、吃了暗亏，就一定要想方设法还回去。其实，没必要。

因为这个过程，耗神费力，还会让你忽略了真正重要的东西。

尤其是，当你费尽九牛二虎之力，千辛万苦，人品败光，终于挤走了那个人，搞不好别人一转头不小心找了另一份工作，职位比你高，工资还比你多。

这又是何苦呢？

我的朋友白公子，来北京工作后，3 年时间里换了不下 5 份工作。因为有才华、长得帅，人又很傲气，经常被挤对，时不时和领导闹矛盾。最严重的一次，当面和领导拍桌子，直接收拾起东西就走了，工资没结算、辞职手续都没办。

但在这个过程中，他一边磨炼性子，提升工作经验，一边也在寻找更适合自己的工作环境。

三年多过去了，他现在是一家知名杂志的总监，混得那叫一个春风得意、如鱼得水。转回头去看当年挤对他的那些同事，还在原单位苦逼地蹲着没动呢。

玩过网络游戏的朋友都知道，在你作为新手练级的时候，那些头上挂着血红色问号的精英怪，一不小心就会来找你麻烦，每次都能把你虐得死去活来。

你会因为这个原因，就跟这个精英怪杠上，每天上线就跟他死磕到底吗？

事实上，等到你升级换地图，装备成型后，再看看当年的精英怪，都是些啥啊，现在要再来惹你，只能算他倒霉。

比如岳云鹏，当年在饭店端盘子的时候，也可能会遇到主管故意整他、同事欺负他（那种地方，其实内斗非常严重）。他在那个饭店里，再怎么和别人钩心斗角、拉帮结伙、斗来斗去，就算赢了，无非也就是端盘子的时候没人找茬了而已。但当他跳出这个圈子，走向更大成功之后，完全可以去把那个饭店买下来，让当年整他的那些主管、厨子、服务员一起滚蛋。然而，更重要的是，他已经完全不需要这么做了。

所以，年轻人啊，心眼别太小、脸皮别太薄，格局一定要大。

不是无原则
才叫会做人

世界上最难的事，就是了解我们自己。

——本杰明·富兰克林《穷理查年鉴》

多数国企有一点与私企外企都不同。很多私企外企可能是先学做人，后学做事。而国企里是一进去，就让你做事，做着做着你就会发现，光做事是没有用的，也要学会做人。

做人这个词真是言简意赅、语义精深。

但是许多刚进入国企的人，明显在这方面理解有偏差，用我曾写过的一段话来概括就是：

不是你以为与人为善、谁也不得罪就叫人际关系好。

不是你以为天天跟这个谈心、请那个吃饭才叫建立人脉。

更不是你以为逢聚会必到、到必埋单才叫会做人。

所谓的“会做人”，其实就是你适应了某个环境的生存规则。

有人的地方就有江湖，你只要还生活在这个世上，就免不了和各种各样形形色色的人打交道，学会与他们相处。

国企里尤其如此，因为它的历史足够长久，人员流动小，更容易形成稳定的环境。

那些国企老人们整天念念叨叨的“会做人”，其实不过是因为他们长期待在这样的环境中，已经适应了这样的氛围和节奏，自身已经成了这个环境的一部分。你进入这样的环境，往往一开始无所适从，因为这和我们过去熟悉的学校环境、老师和学生的关系、室友之间的关系都不一样。

我刚进单位的第一天，一大早赶到单位吃早饭，端着一盘子食物找了个空位坐下。过了一会儿，对面来了个上了年纪的人，不紧不慢地舀着一碗豆花喝，看也没有看我一眼。过了一会儿，突然淡淡地问了句：“你是新来的吧？”

我忙不迭地放下手中正在喝的粥碗，自我介绍道：“对啊，我是今年刚毕业过来的，在某某部门工作……”

那个人一直不动声色，也没说话，不停地用勺子将碗里的豆花舀起来又放下，舀起来又放下，半晌，终于开了口：“新来就不懂规矩啊。喝粥怎么还出声儿啊？”

不懂规矩

懂规矩

规矩

……

当时的我，连耳根都热透了，默默地喝完粥，端起盘子走了。

这件事我后来时常想起，它告诉我，任何一个系统都有它自己的一套运行规则，你一旦表现出与这套系统规则不一样的行为来，很容易就会遭到批评。

于是在慢慢适应的过程中，我开始去观察大家都怎么做，去思考在这里怎么做自己才能过得更好，去总结这其中的规则，直到彻底掌握这个规则。

作为一个年轻人，你既不能太锋芒毕露，惹人生厌，也不能唯唯诺诺，毫无存在感；你既不能故作清高，不合群，也不能整天都混小圈子、拜山头；你既不能整天和领导对着干，不讲政治，也不能整天只会溜须拍马，不讲原则。核心的核心，大概也就是个度吧。

这个世界，并不是非黑即白，在那中间，还有一个灰度。

——任正非

国企里学做人，一定要想明白自己要做什么样的人。

我见过很多人在国企慢慢发生了改变，有的从意气风发变得唯唯诺诺、谨小慎微，有的从老实诚恳变得油腔滑调，还有的从满腔热血变得得过且过，都很喜欢说一句话：这都是被环境逼的。

当年，魏忠贤权倾朝野的时候，天下无人敢逆其意，连袁崇焕都给他修过生祠。那可能是明朝历史上最黑暗的一段时间，高压的环境之下，似乎每个人都没有选择。但我记得，那一朝有一个叫杨涟的人，愤而上书弹劾了魏忠贤二十四条大罪，留下了

“刀砍东风，于我何加焉”的绝笔。

在国企里也是这样，你可以选择整天围着领导转，思领导之所思，急领导之所急。也可以选择表面上对所有人客客气气，但私底下和所有人都无交集，该上班上班，该下班下班，该加班加班。

或者还有一种人，他们的全部身心都在钻研业务，对所有人都基本没空搭理。甚至还有个别“二愣子”，坚持在这条路上一条道走到黑，甚至让领导无路可走，领导恨得牙痒痒，却无可奈何，毕竟能数十年如一日在国企里这么干的人，要么很有背景，要么很有能耐。

单位里有个市场部的骨干就是这样，每年民主生活会都要给领导添点儿堵。

有一年做记录的时候，我亲自见到这个市场部的同事在现场把公司另一个部门经理大骂了一通——骂得太销魂了，搞得老总都很尴尬，我也很尴尬，不知道该不该记录下来。

最后老总咳了几声，然后说：“刚才这位同志的意见提得好，我们一定要好好听取。”然后，更经典的来了，第二年的领导班子民主生活会，那个市场部的同事又来了（因为他是骨干，能给单位带来非常大的效益）。

开口第一句就是：“我就只提一个意见好了，去年这个会上我提了一些意见，领导说要好好听取，但我没看到有什么改变啊。”领导直接无语。

环境能彻底改变的往往只有那些本就可以改变的人。

你不给自己设定原则和底线，就一定会在环境中慢慢失去自我，直到有一天，很可能变成了那个你曾经十分鄙视的人。

所以，无论多少人告诉你“你这样不行啊，要学会做人啊”“你再这样要吃大亏啊”，或者你看到身边多少人因为会做人得到了提拔，获得了利益，都一定要坚持自己的原则和底线。

底线和原则之上，你可以在这样的环境里给自己虚构一个角色，这个角色可能与真实的你完全不同，这只是你为了更好地适应环境、更方便自己的工作成长，而不得不进行的一种妥协。

角色是你在国企职场里的另一重人格，其更能适应那里的规则。

可是，一旦你失去了原则和底线，很可能你适应的就不再是大的环境，而是某个具体的小环境，甚至是小环境里的某个人了。有些国企领导层出事，往往跟着倒霉一大片，这一大片里的每一个人，都是这样反面的典型。

学做人，“做”是关键，但“人”才是根本。

不要看别人，你的路在自己脚下。

职场第一次晋升，我做到了这三条

第一次晋升，是几年前在一家央企总部。

那是我的第一份工作，晋升时我不仅是全单位最年轻的中层，而且也是整个部门最年轻的人，理论上我要管的人平均年龄大我七八岁。后来，为了方便我管理，又单独为我招了几名应届生。

而之所以会那么年轻，是因为那样的央企，招人的机会太少，人员更替缓慢。在我进去之前，所在的部门已经五六年没有招新人了，我那年也只招一个人，而且招人的条件异常苛刻，从学校、性别、成绩，到性格情商、写作能力，是不是学生干部，甚至对长相、身高、体重都有要求，我因为体重太轻，差点被刷掉。从我后来的经历看，个人认为，现在进入一些央企总部的难度，比通过国考还要难。我当年能进入那家央企，狗屎运的成分估计超过了一半。

然而，进入央企不过是万里长征第一步。我进去后做的第一件事，是编内刊——一名普普通通的内刊编辑。在我前面，有部门骨干、有资历老的同事、有内刊主编、有部门主管、有经理，还有隶属于高管的办公室主任，当然，更少不了国企里无所不在的关系户。

来自小地方的我，一没背景二没关系，更重要的是，还没怎么见过世面，在一家人员关系错综复杂的大型央企里，要想有所发展，非常难。

我至今仍记得，刚拿到那家央企的 offer 时，有同学非常不屑地对旁人评价说：他那个样子，上面没有靠山，后面没有后台，周围也没啥关系，自己又没别的背景，还想逆天？

我那时候其实也差不多是这个想法，保守估计，按照目前的状况，我拼死拼活干个 30 年，到退休的时候能混到个经理，就已经是祖坟冒青烟了。天知道国企里有多少默默无闻熬到退休的人。

然而，命运跟我开了个大大的玩笑，两年后我不仅得到了晋升，而且还是越级晋升，按照我最初的想法，祖坟上岂止是冒青烟，简直是冒火。

再后来，我又有了更好的机会，去了一个更高的平台。我也时常回想，那样的环境和当时的我，到底是什么原因，让我能得到超越预期的收获？

想了很久，除了机遇和领导赏识这种自己无法把握的东西外，核心的无外乎就那么几条，也在这本书中和朋友们共同分享。

第一条，只有非常努力，才能看起来毫不费力。并不是所有人，都能在工作以后保持继续学习、继续努力的状态。更不是所有人，都知道努力的方向和努力的途径。尤其是在国企宽松的氛围里，如果只满足于每天上上班做做事、回家玩玩游戏陪陪女朋友，很容易就松懈下来。工作的头三年，我几乎是利用了一切可以利用的方法和机会，来提升自己。刚开始做内刊，我自学了编辑和排版，后来写公文，我除了去看那些基本的格式外，还把从新中国成立以来所有国务院和地方政府工作报告、求是评论文章等全部读了一遍，学习如何写大文章；再后来，我开始给领导决策做分析，又去学财务，学看报表……

甚至于，因为领导对 PPT 要求很高，我在离开单位时，已经成了一家专门的 PPT 论坛的专家级会员，可以想想，我花了多少时间在上面。

除此以外，健身、运动、看书……能提升自己的事情很多，自己需要提升的方面更多，只有将功夫下在平时，机会到来的时候才不会手足无措。

以往我觉得自己过得不够好，只是因为我不够幸运，后来，我知道，没有什么意想不到的惊喜只是纯粹地走运。

走运不是意外，是计划、思考和行动后带来的好运，是在泥泞道路上前行，摔得鼻青脸肿而大志不改后，上天予你的恩赐。

第二条，不光要埋头拉车，还得抬头看路。踏实干工作没有错，但仅仅只是埋头干是远远不够的，你需要不断地去思考去总结。一方面，这样能让你对工作更加得心应手。从编写内刊的小事开始，再到后来承担更重要的工作，我每周都会花时间来专门梳理我最近做的事情，有哪些可能存在漏洞？有哪些还可以改进提高？有哪些以后都不用浪费时间了？每参与一次与本职工作无关的专项任务，我都努力在结束后成为这个方面的专家。另一方面，更重要的是，你只有想得够多，才能活得清醒，有多少人在忙忙碌碌的工作中迷失，早已忘了最初的目标；有多少人，取得一点成绩，就开始浮夸，只为了让人相信，你一直站在台上；还有多少人，被领导一顿臭骂，就自毁自伤，怀疑自己毫无工作能力。

第三条，走得远了，别忘了当年为何出发。这些年里，我并非过得一帆风顺，我曾经在知道我带的一个实习生从背后捅刀子的时候，第一次对人性感到失望；曾在初次和女朋友回家，她父母因为我出身贫寒，要她跟我分手时，感到深深自卑；更曾在父亲弥留前，跪在医院院长面前磕得头破血流，只为求医院派救护车将父亲送回老家，但仍被拒绝时，感到无助和绝望……

这些年里起起伏伏、悲喜无定，总是要峰回路转，总是要大起大落，生活虐我千百遍，我却待它如初恋。

我们都曾经历过这些弱小无助的时刻，但随着时间的流逝，只要你还在不断努力，一定会变得越来越强大。但这个时候，你还记得当初的自己吗？还记得当年为何要如此努力吗？

这些年，你究竟是成了那个心中更理想的自己，还是成了那个曾经无比鄙视的别人？

除了你自己，谁在乎。

大家都在骗人的时候，你的诚实就失去了价值；当随时一把火将一切烧毁的时候，辛苦的积攒也变得没有价值；当低声下气才能苟活于世的时候，追求真理便成了一件多余的事情。正如米南德一世所说：许多人原本不是无赖，但生活的不幸，让他不得不成为一个无赖。

我始终相信，那些各领域的大神、那些有魅力的领导、那些让人信赖的长辈，年轻时与我们并无两样，只是在面临选择时，依然还记得自己最初的方向。

说来说去，到最后，也就是那么几个字：千折百回，大志不改；不忘初心，方得始终。

所有的奋斗
都是一种不甘平凡
s t r u g g l e

Part 3

现实很残酷，
除非你足够强大

最怕你走完弯路，还以为在坚持梦想

01

我大学为了学习英语而报了非常火爆的某培训班的课，在课堂上经常听到他们创始人的传奇故事，不时听得我像打了鸡血一样激动不已。

比如，那位创始人曾经讲过，要过诗意的生活。并且说：诗意的生活不是刻意去寻找的，而是一种能力，身处琐碎的日常事务却不被日常事务所淹没，总能在不经意间抬头看一看天空，想一想远方，做一做白日梦……写得很美，看得我飘飘然。

你会觉得：为什么过得这么辛苦，应该诗意地活着。世界那么大，哪里不能去看看？

后来，我再一想，这位创始人所说的诗意的生活，我不是从初中开始一直就在过吗……每天自得其乐地看书写作……空想……不仅是诗意，很多认识我的人都觉得我一直就像活在小说中一样。

于是，过了那么多年“诗意”的生活，一直到大学，我不仅没有一点得意之处，反而更像是穷酸书生一个，不知道自己要做什么、能做什么。

更重要的是，习惯了这种心态，不仅不能改变现状，还会成为内心里放弃进步的强大借口，甚至，它能让你压根儿就不能了解现状。

02

这些年来，我最诗意的时期就是在自己喜欢的杂志社实习的时候。部门氛围和谐、美女一堆，领导赏识、同事照顾，工作有模有样、生活有声有色……除了收入有点惨不忍睹。

杂志社的一把手不仅是当时最抢眼的新锐主编，而且还是一个作家，风度翩翩，让我极为仰慕。他会经常找我聊天，聊哲学、聊文学、聊人生，鼓励我：这工作你做得很好，很有前途，很有天赋，现在虽然有点辛苦，但一两年后就好了。

我非常激动，心中涌起了不可遏制的感动，差点就想留在那个杂志社，一个月千把块钱工资，还要扣点什么乱七八糟的，到手也就几百块钱了。

你能想象这种诗意的生活吗？我不仅买不起房子，而且还租不起房子，甚至还需要父母接济生活费。

更重要的是，传统纸媒正在一步一步以可见的速度衰落。

当时我和一个同学讨论，他在一家上海的小游戏公司实习，也差点留在了那里，收入待遇和我简直难兄难弟，他们主管很欣赏他的能力，说：刚开始都是这样的（主管当年也是这样的），都是慢慢好起来的。

我和同学也都互相安慰：是啊，刚开始让父母接济是很正常的，现在找工作不容易，经济危机也还没有结束，只要心怀梦想，吃几年苦又有什么打紧？

那时的我们充满了激情和理想，不以眼下艰苦的环境所动，而是坚信只要努力就能赢得未来，我们互相鼓励和安慰，写小说以打发时光。

幸好，我们在别人的忽悠下，做了一个极其“错误”的决定，回校考研。

03

回到学校我们才发现，我们那些同学虽然找工作也并不是很容易，但是也不乏找到很好工作的人，原来机会还有那么多。行情这么好，为什么还考研？

于是我同学做了一个非常有效的简历，一路过关斩将，进了国内前三的大游戏公司，再也不用在小公司里熬了。他的能力在那里得到了充分发挥，仅仅两年多的时间，收入和职位就已经超越了我们同批工作的大部分人。

我则老老实实去找了一份正常的国企工作。一年后我就发现，之前的我到底有多么像井底之蛙，强烈地感觉到：我们当年都被骗了。

其实，不管是我的主编还是同学的主管都并没有骗我们的意思，他们说的都是实话，他们从自己的经验出发，认为这样走也可以走得通。我毫不怀疑，我同学留在那个小公司里，以后也还是有可能去那家大公司。

问题的问题就在于，如果一开始的能力就已经达到，我们为什么要去走那么多弯路才要走到比较适宜的位置？

更重要的是，这第一步走歪了，平台和视野上的差距，需要多久才能弥补？

当年促使我脑筋转了个弯的很重要原因就是，一个很天才但职场失意的北大学长，非常嘲弄但又异常坚定地对我说：

人生的第一份工作非常重要，跨出去的第一步一定要想清楚。

04

但是，问题又来了，你怎么知道你这一步该跨多大，会不会自己好高骛远了、贪多求快了？我们都曾经被“大学生无用”“大学生眼高手低”的这种社会思潮误导了（当然也受家庭的影响），以至于压根就看不清楚前面的路。

我另一个来自江西农村的同学，家境非常贫寒，身材壮实、黝黑，一看就是饱经风霜的老农模样。当年毕业的时候，他们家乡的一个小事业单位到学校里来招人，单位很一般、待遇很一般。

但当领导了解到他来自农村的时候，居然说了这么一句：你到我们单位来，就是山窝里飞出金凤凰了！

就这一句话，我同学就再也没有见过那个人，而且再也不想回老家了。他后来去了南方一家很大的国有企业，工作一年后的收入可能比那个小单位职员三年的收入还要高，而且平台、眼界什么都会有很大的不同。

05

想当年，我曾经一度沉迷于网络游戏魔兽世界。现在回想起来，除了那些走过的风景、打过的BOSS，印象最深刻的居然是我10多级在“死亡矿井”副本门口被一个高级怪虐得死去活来时，看到一个60级的法师随便搓了一支冰箭，把那个怪秒了——秒了！

我当时完全觉得不可思议，但等到我满级之后才发现，原来他的装备非常垃圾。其实，玩过魔兽世界就知道，60级最豪华的紫装，也就相当于70级的绿装。60级的神器，和80级时随便打的小怪掉的垃圾装都比不了。

而最悲剧的是，如果不升级，你可能永远都不知道原来差距这么大；更不可能相信，差距原来这么大。

一条弯路走过后，要花多么大的精力才能补回来。正所谓，直路好走你不走，弯路难行你偏行。

如果这个弯路是螺旋上升的，那还算好，就当是交学费了，回首来时路，还可以向别人吹牛：当年老子四级都没过，后来重新爬起，看，现在居然还能出国，和这么多老外谈笑风生。

但如果这个弯路直接把你引向了错误的歧路，可能就再也爬不起来了。

据说，每个人一辈子只有7次决定人生走向的机会，两次机会相隔约7年。大概25岁后开始出现机会，75岁以后就不会有什么机会了。这50年里的7次机会，第一次不易抓到因为太年轻，最后一次也不用抓，因为太老。这样只剩5次，这5次机会里又有两次不小心错过，所以实际上只有3次机会。

人又有多少次机会可以浪费？

可是，机会到来时，人往往并不自知。

于是就这样，轻易地放弃了不该放弃的，却固执地坚持了不该坚持的。

人为什么一定要走弯路？

因为，你总不能正确认识自己的价值，不是高估就是低估。

你永远无法知道身边的人有多优秀

说一个我琢磨了挺久的。

有一次，我参加了单位的面试。来的许多应聘者都是名校应届生，从清华、北大、人大到北航、北理，甚至还有个别复旦、南大的学生千里迢迢过来面试。这些学生能在本科阶段考入这些名校，基本也就是同龄人中的学霸级别了。

按照我们单位的习惯，进入面试的大部分人除了成绩好，还得是“学生干部”“党员”“文笔好”……所以看简历，他们全都是非常优秀的年轻人，平均年龄大概也就二十二三岁。

在这群已经是非常优秀的人里，居然还有一个更突出的。

一个北大的年轻人，20 岁不到，上学时要么年龄小，要么跳过级。

简历上看着非常清秀帅气，成绩也好得不得了，年年国家奖学金，大学期间发了 10 多篇核心论文，还是学生会主席，业余还要搞搞篮球队、话剧什么的。大概就是德智体美全方位无死角发展吧，所以特别留意了一下。

到了面试的时候，谈吐、气质、回答问题都无可挑剔，关键是非常从容大度，一副见惯大世面的样子，他的表现给所有人都留下了非常深刻的印象。我们一个 HR 在现场悄声跟我说了一句很经典的评价：第一次为自己所在的单位感到自卑，怕留不住这么优秀的人才，他就该直接去外交部当发言人的。顿了顿又补充了一句：长这么帅，明明可以靠脸吃饭，偏偏要去靠实力。

我则第一次体会到，什么叫优秀到不用开口就能看出来。

在这里，我想过分强调和渲染这群年轻人有多优秀，那么这就跟“你见过最土豪的行为是什么？”“你身边的富二代任性到什么程度？”一样，除了炫耀，毫无意义。我真正想说的是一个这几年越来越明显的现象。

我在面试现场的时候，曾经无聊地把所有面试学生的简历翻了个遍，再对比了下他们的表现，发现这些名校毕业、表现优秀的年轻人，大部分家境都很好。他们的父母许多是省市公务员，是国企经理、学校教师、公安局局长……当然，也有不多的几个学生，老家在农村，父母都是务农，属于特别努力考上名校的“金凤凰”，虽然各方面也都很优秀，但对比来看，却会明显发现在情商、气质形象和眼界谈吐上的差距。

而那个表现最突出的年轻人，父亲是某省正厅级干部，母亲是银行会计。

那天面试的人大概有好几十人，样本数并不算多，但趋势之明显，已足够让人震惊。更令人震惊的是，早几年我进入单位时，同一批的还有不少家境不怎么样的，但这几年单位面试招人选人，家境好、学校好、自身优异的学生却越来越多。这批人都是90后，正是经历了20世纪80年代改革初期的动荡，到90年代社会逐渐稳定后出生。

我们小时候，都看过比尔·盖茨白手起家、爱因斯坦幼时白痴之类的鸡汤故事，但越大才越发现这个社会残酷的真相——越有钱的往往越有钱，越优秀的往往越优秀。马云的儿子在上伯克利，柳传志的女儿从哈佛毕业先入高盛、然后执掌滴滴，即使任正非那个只能考上专科的女儿，现在也是华为的CFO，至于王思聪……

我想起，2010年前后网上还有人讨论“寒门再难出贵子”，2013年，《人民日报》还在报道“北大农村学生所占比例从三成落至一成”，但再后来，关于这方面的新闻和报道却越来越少了。

现在我才知道，报道少了，并不是因为这样的事越来越少了，而是，已经明显不是新闻了。

最后，用和某知友的对话来作为结尾吧：

“（家境优越的年轻人还这么优秀）那么，农村孩子出路在何方？学习这条路还是龙门吗？”

“如果学习不是，那别的就更不是了。”

优秀的只是你这个人，而不是你身上曾贴过的标签

在我看来，优秀的人最大的特质，除了一定的运气外，决定性的因素大概有两条：**一条是专注的学习能力，另一条则是强大的自控力，**这也是我在这本书中反复提到的一个特质。

第一条没什么好说的，学霸们都有在学习时保持“心流”的能力，这可以让他们以更高的效率完成学习的任务，所以别看有些学霸不怎么学习，但在学习的时候却很专注，效率远超常人。

第二条可以多说一点，我在这本书中写过一个真实的案例，这个人毕业于北大，非常优秀。出于好奇我曾经专门和他聊过天，然后震惊了——这个男生在大学里保持专业成绩全优的同时，还一直保持着长跑的习惯，多年来每天都会坚持跑 5 公里，即使在和母亲出国旅游时，也曾让母亲待在宾馆里，自己出去跑步。

这得需要多么强大的毅力和自控能力！

而我自己则是标准的反例，高三曾一直是县里的第一名，是当地最有机会考入清华北大的寒门子弟，但因为高考前各种情绪失控，最终滑铁卢，勉强进入一所 985 学校，这种失败又进一步

导致了失控，以致我大学里曾有过长达三年的颓废期，直到毕业前才重新奋起。

然而，根据我的观察，自控力这种东西真的是一种稀缺资源，许多凭此考入清华北大的人，也不一定能长久地保持这种特质。所以正式入学后，清华北大的学生们也会呈现两极分化，有学霸也有学渣，有人振作也有人颓废，有人成大神也有人成奇葩，与别的大学并没有太大的不同。甚至于有些 10 年寒窗苦读，一朝金榜题名考入清华北大的学生，因为大学里的放纵，毕业时的状态还不如那些普通大学里的学生。

高考，成了他们当中某些人一生里最辉煌的时刻。

而这，才是我真正想跟大家分享的东西。

我工作的单位里清华北大的学生众多，甚至还有三两个是当年的高考状元（省 / 市级）。

在中国就是这样，他们从考上清华北大开始，一直到做出更大的成就之前，最显眼的身份标志只有一个，那就是：清华北大的学生，尤其以本科考入的为重。这既是他们身上亮闪闪的光环，更是一个沉甸甸的压力。

你是清华北大的学生，所以我们会高看一眼，简历筛选时会开绿灯，面试时会充满期待，你表现优秀会加很多分，但如果表现平平甚至明显不如其他面试者，那么不仅仅会让面试官大失所望，被拒后还会沦为长久的谈资，这是非常可悲的事情。

要知道，并不是每个清华北大的学生，毕业时都还能保持那么优秀，特别是那些大学里曾失控的人。

两三年前，我们单位曾经拒绝过一个清华毕业的某省高考状元。

那个人是我亲自面试的，印象深刻。人一看就很聪明，基本的素质在那里，问一些策划协调类问题的时候，逻辑清晰反应很快，但回答专业问题时却磕磕巴巴，小动作很多，不停地扭来扭去。现场也没有提供大学成绩单，简历上最大的亮点是高考状元，入学后唯一的荣誉是第一年的新生一等奖学金。因为我们是招聘科研人员，对专业要求很高，所以面试结束后，部门负责人就不太想要了。出于慎重，我们又专门给他院系里的老师同学打了电话，了解到了更多的真实情况，比如进大学后成绩一落千丈、平时比较爱玩游戏等。

最终的决定是不予录用。部门负责人过后说了一句很经典的话：这样的人招过来，万一工作中也是这种状态，我都不好意思说是招了个清华的毕业生！

真正工作后，这种情况会更加明显。

那些正式招进来的清华北大学生，因为又经过了一轮筛选，所以基本上都表现很优秀：学习能力强，专业功底扎实，工作勤恳而有余力，人脉资源广（各种优秀的师兄、师姐、师弟、师妹、导师、导师的导师），这时候，清华北大的身份会愈加成为他们身上的金字招牌，甚至成为他们成功的另一个助推因素。

单位有一个 50 多岁的领导，清华毕业都这么多年了，大领导对外介绍时，还会附上一句“老牌子清华的”。刚入职的员工在知道他的学历后，一聊起他能力如何如何，也常常会加一句“毕竟是清华毕业的”！

但还是会有表现平庸的人。单位里有一个 30 多岁的清华毕业生，工作至今仍是普通专员，绩效长期徘徊在中等，每次部门负责人提到他都非常尴尬。

而我们则会小心翼翼，尽量不在他面前提及毕业于清华之类的话，因为无论在什么场合，说这样的话，对他而言都更像是在讽刺。

如果你过去的优秀不能掩盖你现在的平庸，那反而会让人更容易放大你现在的问题。

这个时候，清华北大的毕业生身份，会成为你身上最刺眼的东西，更会成为你最欲去之而不得的标签。

不要说他心态不好，除非你接受了这样的设定：你的人生，已经注定了在 18 岁就达到了巅峰，剩下的日子都将笼罩在这阴影之下。

否则你也会有同样的焦虑。特别是你看到身边一些普通院校甚或三本专科的学生表现比你好、进步比你快的时候，很可能还会从焦虑发展到怀疑人生。

总结一下，那些能考进清华北大的学生，都一定曾有过一些非常优秀的特质，这种特质帮助他们在 18 岁的时候成为人生的第一次赢家。

但再优秀的特质，都不是一成不变的。

当环境变了的时候，你曾经依赖的某些特质可能会不再那么有效，还可能，在某个时刻，你自己慢慢地就失掉了这些特质。

相对于曾依靠这些特质取得怎样的成功而言，如何长期拥有这种能让你脱颖而出的特质显得更为重要。当你在某个阶段通过努力，同样拥有了这些优秀的特质时，你的表现不会比他们差。

说来说去，优秀的只是你这个人，不是你身上曾贴过的标签。

没读过名牌大学，人生从此就完了吗

我所在的科研型国企，在一堆本硕博甚至博士后之中，有着一个非常特殊的群体——专科生。

国企里的专科生，主要分布在两种岗位，一种是生产岗位，就是在产品线上具体做产品的人，他们大部分都是由企业和相关专科院校定点培养，毕业后经过选拔进入国企一线制造岗位的，所做的工作其实和富士康生产线工人并没有什么两样，但这种员工大多还比较踏实，以男生为主。

还有一种，就是后勤服务岗位，以女孩为主，比如前台、物业、餐厅服务员。特别是餐厅的服务员，这里面，有许多女生都是我亲自从学校招来的，而她们大多数是中专毕业，不学无术却又花枝招展。

她们就读的学校，一般都是京郊或者附近省市的某职业技能学校、某女子学院，这两年虽然校名改得越来越有国际范儿，所学的专业听起来也非常高大上，但毕业后实际能从事的工作可能大部分都是服务员，比如“酒店管理专业”就是在酒店里当服务员，“高铁管理专业”就是在火车上当服务员，“旅游管理专业”就是在景区当服务员……

去学校招她们的时候，她们往往穿着学校统一准备的职业套装，化着不合时宜的浓妆，许多女孩子头发染得花里胡哨，面试时就那么随意扎一下，简历要么就是一张纸上寥寥几行字、要么就是厚厚一摞却没有什么内容——因为压根就没怎么学东西，学校似乎也没什么专业性的东西教，所以面试的时候也不会问太多问题，很多时候就是聊聊梦想、拉拉家常。

说实话，与我面试过的名校毕业生相比，差距确实非常明显。

然而，就是这样一群人，我却常常在面试交流时，真切感受到她们对于未来热切的期盼，对于大城市、大单位的向往，也因为如此，她们愿意离开家乡和父母，到北京这个压力巨大的城市来做很基础的工作。

但等真正进了单位才发现，可能一切都不一样，她们在学校里曾幻想的一切，在现实面前都会被无情击穿。

再也不可能像学校里那样每天睡到自然醒，上课不用听讲，每天化着浓妆，晚上到处去玩。在这里，她们需要梳统一的发型，穿统一的制服，每天早中晚三顿饭都得在食堂服务，给大家打打菜，擦擦桌子，收拾盘子，日复一日，没有任何改变。

单位效益怎么样，又有什么重大突破，哪个领导升职了，哪个同事结婚了，都与她们没有任何关系，她们在这个单位里工作，却又似乎不在这里。

我也只是偶尔下班时，看到她们换下统一的制服，穿上艳丽的衣服、背上亮闪闪的包，结队去逛街时，才能想到，其实她们也有自己的生活和梦想。

这其中，有个叫小雯的女孩，也是我亲自招来的，来单位的时候中专毕业刚 17 岁，很瘦，却很机灵，许多领导都对她印象深刻。但因为国企用人非常讲究学历和背景，她虽然很努力，却依然只是个餐厅服务员。理论上，过个几年，她可能就像多数她的同事那样，选择回老家结婚生子，或者辞职去一家工资更高一点的大酒店，继续当服务员。

这是我所知道的许多专科生所面临的困境。在学校读书时，她们没有学到什么一技之长，也没有很好的学历，还没出社会就已经落在了后面，更重要的，因为一开始起点低，她们所认识到的世界很窄，关于未来的人生目标，也没有清晰的概念。

她们也希望自己活得精彩，希望自己像小说电影里的女主角那样成功而有魅力，只不过，受限于家境、经济条件、眼界等，没有正确的方式，所以才会出现那些非主流的“奇装异服”“亮闪闪的装饰”“浓妆艳抹”。

其实，很多时候，这可能就是她们对更美好生活的一种期待和理解。

有一天晚上我在办公室里写稿子，头昏脑涨之际，下楼散散步理理思路，走了半圈正好碰到小雯也在散步，就和她沿着单位走了几圈。

她告诉我，她过段时间准备辞职。

这让我很震惊，因为单位提供食宿，待遇也还不错，而她工作的时间并不算长。

我问她辞职后准备干什么，她告诉我，虽然她不知道未来可能做什么，但却知道自己不可能再换个工作还是做服务员了，“我要从一个小文员做起，有一天也像你们那样在办公室里做管理工作”。她说。

我一下不知道该说什么了，只能鼓励一下她，剩下的时间里，则和她聊了一下文员应该提前学些什么东西，应该怎么去找工作，又怎么样去提升自我。她虽然很担心自己连 office 软件都不太会用，但还是对未来的工作充满期待。

我们一起走了不到 10 分钟。分别时，我心中一动，很想知道她未来究竟会怎样，所以特意加了她的微信。

几天后小雯就辞职了。

她可能不知道，其实我一直都还在微信里关注着她，当我自己工作或者生活觉得累的时候，偶尔会去看看她发的朋友圈：我看到她真的去了一家小公司做了文员，从最基础的工作开始做起，看到她刚开始工作时的种种艰难，看到她在努力地自考本科，在朋友圈晒自己租住的小房间、做的丰盛晚餐，和男朋友到郊区玩时拍的风景。

时间已经过去了好几年，她仍然努力地在北京奋斗着，我则一直保留着一张她刚换工作不久时发的朋友圈：

现在感觉压力好大，力不从心的感觉真是让我挺失落的，简直哭晕在厕所。不过我还是喜欢我现在的工作，没有压力怎么能成长呢？加油吧！

这样的话，会让我也感到有力量，虽然我经常去激励别人，但事实上，我也经常需要别人的激励。

我期望着，有一天能在朋友圈看到，她真的就像那晚我和她交流时说的那样，从文员做起，慢慢开始做管理，做到主管，做到部门经理，成为她所期待的那个人。

更说不定，哪一天她就成了另一个董明珠。

毕竟，她还那么年轻呢。

所以，请莫欺少年穷，也莫欺别人学历低。

不要以为，这世界是不会变的

很多知友在知乎上和我交流工作。其中有个知友问我：李老师，我最近签了一份工作，工资不高，没有社保，但这家公司很有活力，他们老总说以后会有股权分配，而且到时候会按最高标准一次性给我们补足社保，你觉得怎么样？

看到这个问题，我先小心翼翼地问了句：老总有没有跟你说以后是几年？

他答：他说可能要辛苦5年左右。

还有一个知友跟我说：李老师，我是985学校毕业的，我父母给我在当地找了一份稳定的事业单位工作，有编制，工作很清闲，没什么具体工作，感觉自己的专业什么都快忘了，但我本身又是一个比较懒的人，不太想去做什么改变，不知道这样行不行？

看到这些问题，我就很不明白：**为什么那么多人都认为这个世界是不会变的呢？**

倒回去看看，40 年前的人们没几个上得了大学；30 年前的人们还在等着单位分房；20 年前，国企里的职工还不知道国家真的会让他们下岗；10 年前，这个世界还是诺基亚、摩托罗拉、索尼的天下，没小米、淘宝、京东什么事儿；5 年前，你可能连知乎是啥都不知道；两年前，没谁敢相信公务员要交养老保险，而且不能参加国考；1 年前，北京市的房价一副要跳水的样子，今年就一天一个价地涨了……

这是个变化极快的世界，尤其在当今中国。

但不知道为什么，许多人开始工作后就以为，眼前的这份工作是可以干一辈子的，自己手里的知识是可以管到老的，那家公司承诺的股权几年后是肯定可以拿到的。

现实可能是，你的这份工作过几年就没了（体制内也不一定稳定），你所学的东西不到两年就已经没人用了，对你做出承诺的那个公司才一年就垮了。

正如乔布斯所说，**不要等到一艘船从舱顶开始漏水的时候，你才知道已经沉了。**

这里面至少有两条经验：第一，工作后，不要相信那些鸡汤老板们动辄“5 年以后”的承诺，你可以把自己的规划做得远一点，但眼前的利益不能太让步；第二，别刚开始上班就一副养老心态，以为自己可以这样过一辈子，请做好随时改变的准备，锻炼自己不断适应的能力。

为什么非要等到逆境
才好好努力

01

首先你必须要明白的是，一个人要改变是很难的。

他会因为听了几个故事，受到几句鼓励的话，就硬生生发生改变吗？

事实是，没有人可以唤醒一个装睡的人，当他自己不下决定的时候。

一个自暴自弃的人就像是开了免疫符文，躲在自己的逻辑里、自己的故事里，任何人的话都无法真正进入他的内心。

对于大多数大学生而言，堕落的原因都是差不多的，不外乎感情、家庭、学业、室友、就业，说白了就是无处安放的感情和无处安放的精力，安放到了一个更容易安放的地方，然后等着改变。

这就好比在一个长跑赛场上，他可以看到总有一些人从身边慢悠悠地跑过去，在每一个赛段，接受别人的祝贺，甚至还会回过头来对他报以同情的目光和深深的关怀；尽管他觉得，可能拔腿就可以赶上其他选手，但他就是不愿意（或者不敢），直到有一天他都怀疑自己是不是根本就跑不过其他选手。他经过长期的吃喝玩乐，身材变得臃肿，最终却一步都跑不动了。

会不会有那么一天，他会突然想起来，自己曾经也很能跑？会不会想去尝试一下？

去吧！找个没人的地方，悄悄试了下，累得气喘吁吁，然后说："那就这样了吧，我已经不行了，我已经不是当年的那个我了。"

而这就是许多大学生堕落的故事母题。

02

每个人都有意志消沉的时候，我也不例外。大学的时候，我曾一度沉迷于网络游戏，整整一年半的时间，我身边的朋友们想了很多办法，有找我聊天的，有用激将法的，甚至有恨铁不成钢骂我踹我的……都没有用。

直到有一天，我突然关上电脑，就不玩了。从那以后，直到今天，我再也没有玩过我那个过了太阳井副本、神装满身的法师号。

我之所以能调整过来，不是因为鸡汤、不是因为励志、也不是因为谁来劝服我。而是因为，我知道什么是好的，更知道，是时候做出改变了。

你知道有多少大学生颓废堕落后，心里是多么空虚、悔恨甚至痛苦吗？他们也曾告诉自己，我要改变，我总会改变的。但等到睡好觉、精力恢复后，就又会恢复堕落的生活，一切照旧。

如果他一直没有行动，那必定是在等一个契机。嗯，是的，大部分人都是这样的，做某件事一定要等一个契机，比如向喜欢的女孩子表白……只有很少一部分人能做到只要想到了就是契机，你能想象一个人和一个女孩子正在讨论高数，突然他就向她表白了？

如果你不想再继续目前的状态，希望改变，就必须告诉自己：**不要再等了，要改变就从这个点开始，没有契机、没有仪式，更不会因为做出这个改变就会天地大不同。**

这就是小小的一步，并没有难度，也没有什么大不了，但只有做出了这个决定，走出了一小步，内心才会敞开。

03

T 同学是我进大学后第一个认识的好朋友，原因是我们俩都觉得自己高考失败得一塌糊涂。T 同学长得有点像韩寒，才华横溢，篮球打得非常棒，吉他弹唱很传情，会写诗、会搞点小浪漫，高考前一直是他所在市的前几名，也很有机会进入中国顶级的大学，但因为一些稀里糊涂的原因，考砸了，但仍考进了排名前 10 的重点大学。

大学第一年，T 同学还保持着奋进之心，旁听经管院的课、每天练篮球，是班里的学生干部，同样也是校学生会和系学生会的干部；但一年后，目标的虚无消磨了所有斗志，他开始不上课，抽烟、酗酒、泡 MM、通宵玩游戏……过上了所有大学男生都会经历的颓废生活，但却更加过分。

长时间的颓废生活，从身体和意志上都摧毁了他，一米七几的个，体重不足一百斤，很多人看着他，还以为他在吸毒。

到快毕业的时候，事情终于到了一发不可收拾的地步，英语挂了三年——什么叫挂了三年，就是说他第一年挂了，第二年重修还是挂了，第三年再重修——不好意思，又挂了。专业课也挂了几门，毕业证要延期才能拿到。

这种失败几乎彻底断送了他，大三暑假的时候 T 同学脸色苍白地告诉我，他准备退学回家，他已经无法再继续学业，那时离我们正式毕业还有一年。我们从下午开始谈，一直纠结到凌晨，最后的最后，他被我说服，我告诉他，不要再等着一个点来让自己振作，不要想象自己一振作，就可以轻易站起来，轻易地打败那些在他堕落时轻易超过他的人。

他只需要做一个尝试，最终他决定去给自己定一个看似不能完成的目标：考研，为自己大学生活画上一个句点。

由于准备太迟，到考试前他只匆匆复习了几个月，临上考场的时候压力大得没扛住，回家去了，被我们几十个电话催回来，最后还是勉强上了考场的，一个多月后，成绩下来——当然，他再一次失败了。

6 月，毕业季迅速来临。他成了一个彻底的失败者，没有工作、没有考上研究生，甚至还没有毕业证。

对比 4 年前，他以 600 多分的分数踌躇满志地走进大学，到现在，他挥霍了整个大学 4 年，几乎一无所有。

04

毕业后，他决定再考一年，考上了就是命运的转折，考不上就回家种地。他住在我隔壁，只有少得可怜的生活费来支撑考研的生活，他一边疯狂复习，另一边还是疯狂复习，他不抽烟、不喝酒、不玩游戏、不沉迷感情，最痛苦、最忙碌的一年后，他考出了接近 400 分的高分，然后以第二名的成绩考入了那个专业，而他的专业课成绩是那个专业近几年来的最高分。

他考上研后，我想起大约两年前，他在最颓废的时候决定考研，我和一个同学在公交车上聊起来。我问，你能想象 T 考上研，然后一路顺畅、走向新生吗？同学表示，想象不到。

我虽然有点相信，但我也不敢确信。因为那个时候他已经颓废太久了，一门挂了三年的必修课都还没补上，学分也不够，毕业证都不能按期拿到。作为他的朋友，我们那个时候非常担心他的前途，因为在此之前，他完全没有找工作的信心，甚至想到毕业后回老家山里去。

他差一点就滑向了那万丈深渊，现在想起来我都觉得有些心惊胆战。

研究生阶段，他完全恢复了当年的意气风发。两年后研究生毕业，他应聘到了一家南方非常著名的国企，有非常好的待遇和平台。

再过两年见到他，我已经很难将他和几年前那个颓废无比的人联系起来。是的，我们都完成了逆袭，一场别样的“逆袭”。

从年少时以为世界都在自己手中，到抱着失败的心态进入大学，到后来的堕落万丈，再到现在的重新站起，我们走了多么多么远的弯路，这条路是如此长，长到我们几乎已再找不到走出去的门和光亮。

05

为什么非要等到逆境才好好努力？

因为，机会到来时，人往往并不自知，**于是轻易地放弃了不该放弃的，却固执地坚持了不该坚持的。**

打冰封（一种即时战略游戏）时就知道，两个顶级高手对战的时候，有些高手细节做得非常到位，从开始的农民探路开始，他就可以杀你的农民，后来开矿，他又比你早了 10 秒，英雄比你先升级……这些优势的积累，很有可能将他送上成功的宝座，但你会发现，很多时候这种细节似的积累不起作用，比如当年的 TH000，练个小怪都可能练死几个农民、造个房子可能把自己英雄卡在里面等，但他还是可能会赢。

比这还夸张的是，你不仅有这些小优势，你还在这一局中的好几次小战役都赢了他，你积累了非常大的优势——然后，你被翻盘了。翻盘这种东西，在比赛中也是属于那种说多不多、说少不少的东西。

你之所以被翻盘，是因为你的对手也是一个顶级高手。

但人生历程中，你的对手又是谁呢?

一局冰封，不过就是 10 分钟左右的时间，就可以经历从优势到翻盘的一切，想想人生有多长，什么不可能发生?

1899 年 4 月，西奥多 · 罗斯福在芝加哥哈密尔顿俱乐部说：**如果你想经历光荣的瞬间，就必须果敢。即使这种果敢让你沦落为失败者，也比那些平生从未经历过成功和失败的、碌碌无为的人要优秀。**

把挫折变成转折，一个平平淡淡的故事总是不能吸引人的兴趣。一个一路向前的故事，只能让人仰望，却难以真正在内心里生出震撼来。

只有跌宕起伏才能真正激荡人心，只有在“山重水复疑无路”之后，看到“柳暗花明又一村”，你才会狂喜。我们就喜欢看那种故事，比如七龙珠，孙悟空一开始总是要被打倒在地的，然后他或者靠不断训练、或者靠坚强的毅力、或者靠他的爱心、或者靠他的愤怒……然后重新站起来，并且更为强大，然后就听到对手那句经典的“哪呢”，然后对手惨遭秒杀。

这一套从《七龙珠》里打不死的孙悟空到《圣斗士》里打不死的“青铜五小强”到《灌篮高手》里打不死的三井寿……他们一直在阐述一个道理：你可以被打倒，不可以被打败。

你只要坚持“东方不败”，你就可能从那谷底里起来，而那些跌宕起伏的奋斗日子，就会成为你的奋斗史了。

但如果你选择趴在那里，在哪里跌倒就在哪里躺下。那相信我，不会有几个人会向你多看几眼。你急急忙忙地向别人宣讲——当年我多么多么努力，我离成功只有三分之一厘米的距离——我想，除了你的家人，应该不会有人想听。而他们，终有一天也会听烦的。

在觉得非常辛苦、想要放弃的时候，我就老想着，我们这一代人无论如何也比不了我们的上一代人，他们当年上山下乡参加高考的时候，可能还要拖家带口什么的，但他们都坚持下来了。

今天我们很多人在讲奋斗史的时候，我总觉得他们还是没办法和那一代人比。就像我们的长辈们很多都是先回家放牛，直到恢复高考才又重新考上大学，然后一步步走出了如此成功的人生。

他们有关系吗？有背景吗？

有。那就是他们自己。他们现在已经成了别人的关系和背景，就像我们所说的很多富二代、官二代的父母一样。

但是，他们当年其实基本上都是没什么关系、没什么背景的，更可怕的是，他们那个时候还没什么机遇。那个时候，成功道路非常狭窄，虽然不像今天这样人满为患，但非常崎岖、泥泞，而且你不知道前方是不是就一定成功；我们今天虽然经济发展了，年轻人的机遇变多了，这条路变成了宽阔的高速路，但这条路上早已人满为患，有些人还是开着好车，甚至有些人根本就不在这条路上跑，他们坐着直升机，直接从起点到终点。

你在下面开着一辆破车，堵车、被人抢道、抛锚，甚至遇到上坡路，一个没搞好还要往后退几步的时候，你总能看到有些人拿着通行证，被一路护送着，从你身边风驰电掣而过；你抬头看天，更能看到，有些人从你的头顶稳稳飞过。

你有什么办法，把车停下，然后坐到路边去哭，去抱怨你爸爸没给你准备一辆好车？

这命运，你可以不屈服，但不得不服，因为它从来不欠你一个理由。只要你愿意改变，世界就不一样。

15 岁时得到了 5 岁时热爱的洋娃娃，25 岁终于有钱买到了 20 岁时喜爱的那条连衣裙：——**生活往往是这样，你总得要往前多走很多步，才能到得了看着就在你前面的那一步。**

知足者常乐，勤力者善成。

心智的成熟，是愿意接受这个世界的真相与现实

01

刚工作没两年的时候，下班回去的路上，接到了家里的电话，姐姐用颤抖的声音告诉我，父亲得了几年的“怪病”有了最终的检查结果——渐冻症。

我在那之前虽然已经自己查资料，想到了这种可能性，但当真正听到这个确切消息的时候，仍然难以克制内心的痛苦和恐惧，大脑一片空白，几乎是毫无意识地走到了路中间——直到被一辆车撞倒在地。

幸运的是，当时撞倒我的只是一辆电瓶车，但以我当时的状态，就是被汽车撞飞也毫不意外。

那一段日子里，我经历了有生以来最大的煎熬，白天疲于奔命，夜里头痛失眠，很多时候都吃不下饭，最瘦的时候仅仅只有一百斤，一副形销骨立的样子，身心都已接近崩溃。

02

两年多后，也是下班的时间，我接到了母亲的电话，非常悲伤地告诉我姐姐查出了绝症（后来发现是误诊）。

我虽然心里也很慌，但做的第一件事居然是先安慰了母亲，然后深呼吸了几次，特意找了家喜欢去的饭店，好好地吃了顿饭。

因为，那时候的我已经想明白了：**没有吃饱饭，怎么有力气去面对这残酷的人生。**

吃饭的过程中，我开始联系亲戚朋友，了解短时间内我能筹措的资金，咨询医院认识的人，打听病症，看有什么合适的医院可供姐姐进行后续的治疗。

同样的巨大打击、同样的突如其来、同样的晴天霹雳，但两年前的我和两年后的我，几乎完全是两种不同的心态来应对。

03

所以，你觉得我会非常俗套地总结一句：人的心智要想成熟，最重要的是经历？

然而并不是。

你经历了很多事，可能会让你心智变得成熟，但心智成熟却绝不是只有经历很多事这一条路。

这是一个充分不必要条件。

经历当然很重要，但你总不能没事儿找事儿，硬逼着自己去找些悲惨的经历来体验吧。

更重要的是，如果你一辈子都过得一帆风顺，那岂不是这辈子你都心智不成熟?

04

所谓的心智成熟，其实就是你在被生活蹂躏的过程中，慢慢拥有了几种能力。

（1）控制情绪的能力。情绪对人的行为和思考的影响，我在很多文章里都深谈过，一个人慢慢成熟的过程，其实也就是学会和自己的情绪正确相处的过程：知道自己会被什么样的情绪所困扰，在什么情境下自己会产生怎样强烈的情绪，懂得如何一点点地去宣泄情绪。更重要的是，明白了不要在情绪的影响下去轻易地做出决定。最简单的例子，很多人大晚上看了一部感人的电影、听了一首动人的歌曲、心里一动突然想起某个人，可能就很冲动地去表白了，然后就悲剧了。要知道，你被某种情绪所感染的时候，不代表别人也和你一样。

（2）逻辑思维的能力。小孩子的心智之所以不成熟，就在于他们还无法用逻辑的方式去解释自己所看到的世界和遇到的问题，所以会倾向于跳过中间的论证，而直接把两件看似相干的事情用自己能理解的方式联系起来。“天下雨了，一定是老天爷哭了。”“老师刚才批评我上课讲话，肯定是旁边的王胖子告了状。”……但长大了你才会发现，万事万物之间的因果转折纷繁复杂，只有从无数表象中找出真正的逻辑关系，才能在真正看透后选择最合适的应对策略，可以真刀真枪对着干，也可以“揣着明白装糊涂”。

（3）**克制欲望的能力**。“我要的，现在就要”这句话作为广告语很好，但谁要真信了，只能是碰壁到怀疑人生。毕竟，你的爹不是王健林，你的娘也不是董明珠。现实的真相就是，你想要的，多数时候不仅不会现在就得到满足，很可能是永远也得不到满足，否则共产主义社会早就来临了，何须我们去继续奋斗？欲望是一种很可怕的东西，拥有直接绕过你的思维中枢对你的身体下命令的“特权”。当你被欲望所控制时，做出的举动，很可能会让你事后吓出一身冷汗。只有学会了合理控制欲望，才能心态平和，不轻易被外在的东西所诱惑，而做出荒唐之事来。

05

然而，上面虽然说了那么多能力，但我们都知道，这些能力的获得与你的年龄增长具有“相关性”，但并不具有“因果性”。

不是你年龄越大就越会控制情绪、越懂得逻辑思维、越能克制自己的欲望。

许多人终其一生从心智上讲都还是“小孩子”。

心智的成熟，与经历有关，与阅读有关，与和别人的交流有关，但又不仅仅是这些。

说白了，你所遇到的事、看过的书、接触过的人、听到的话……所有这一切所引起你的特定思考，这才是真正决定你心智成熟度的关键因素。

在每一段刻骨铭心的经历过后，在每一本深受启发的书背后，在遇到每一个相见恨晚的人之后，你都可以去总结、反思很多的东西出来。

否则遇到的事再多也不过是过眼云烟，看过的书再多也不过是浮于表面，认识的人再多也不过是匆匆过客。

比如，我从小到大成绩都不错，但每次关键性考试必定发挥失常，从小升初、中考到高考，不管我之前成绩有多遥遥领先，最后的结果一定是大失所望。

直到我大学里想了很久，看了很多书，才真正接受了这个设定——我大考就是可能失误，我再强调自己正常发挥一定会金榜题名也没用。

什么事情，遇到了就是遇到了，你不是那唯一的“幸运儿”，也不是那唯一的“不幸者”。

当我拥有这样的心态后，发现很多过去难以接受的问题，也就那么回事儿。

这样的结果就是，后来每次考试都正常多了。

这在我看来，其实就是一种心智上的成熟。

接受这个世界的所有真相与现实，这世上就是既有好人，也有坏人，还有好坏难分的人，人的一生总是会有悲惨的遭遇降临，不是到你头上就是在别人的头上，你再难过再愤怒再痛苦，也不会对解决你所面临的困难起到任何作用。

承认问题、接受问题，你才能理性地看待问题、分析问题，提出有效的解决方案——而这，才是面对问题时，真正有用的东西。

人生没有标准答案，但你需要有自己的解答

01

人生的真相到底是什么?

这个问题我很早就开始思考，但却几乎是最晚动笔写的。

因为这实在是一个太过于艰难、深刻且宏大的命题。

古往今来，上至圣贤下至百姓，可能都曾经思考过这一终极之问。

很多人都相信，在纷繁复杂、五光十色的生活背后，一定有着一个最本质的东西，不管人生如何辗转起伏、世界如何沧海桑田，只有最本质的东西是永远不会变的。

这就像物理学家们相信一定有一个“大一统理论”一样，什么常数函数，什么公理定理，什么量子物理、弦理论，终有一天都会被一个统一的、简洁的理论统一起来。

到那一天，可能所有的物理书都将变成薄薄的一个小册子，册子上只有一条关于这世界的终极理论。

如今，物理学的理论大厦已越来越庞杂，分支也越来越多，却始终没有发现这背后有什么“大一统”理论。

生活的真相同样如此，大学里，我曾有很长一段时间陷入这些众说纷纭、各执一词的说法中去，我在图书馆里夜以继日地翻看哲学、历史和心理学书籍，甚至一本本地去看佛教典籍，就是想弄明白这人生的背后到底是什么。

人为什么会痛苦，又为什么会满足；为什么有的人富甲一方，有的人却一贫如洗；为什么有的人善良，有的人残暴；为什么有的人一路如有神助，有的人却总是遭受不幸？

然后发现，不是没有答案，而是答案太多了。

道家认为“道生万物”，佛教讲“万法皆空”，马克思·韦伯说“人是悬挂在自己编织的意义之网上的动物”，叔本华提出人的一切背后都是“种属意欲”的力量。歌德的不朽名著《浮士德》里，浮士德出卖灵魂给魔鬼，碧落黄泉上下求索人生的终极意义，最后发现“只有伟大的劳动创造伟大的事业”才能让他满足……

有一天，我看这些书看到头昏脑涨，信步从图书馆走到学校的操场边上，极目望去，有的人在跑步，有的人在打球，几个人穿着宽大的道服打太极，一群女生坐在草坪一角窃窃私语，夏日的余晖不分彼此，让所有的这一切都笼罩在五彩斑斓的阳光中。

我突然福至心灵，感觉困惑我很久的问题得到了解答：一直以来，我们都试图从万千的生活现象中去寻找一条终极真相，但很可能，这所有的生活现象就是真相。

有一天我们穷尽了这个世界的所有理论，却发现它们之间并没有什么根本的联系。很可能，这世界的终极“大一统”理论就是：这个世界上，根本就没有什么“大一统”理论。

罗素说“须知参差多态，乃是幸福的本源”。人生不是单选题，并不是只有一个标准答案。

每个人对自己人生的选项，都是人生的真相，这就是我关于人生真相的第一层理解。

02

工作以后，我有更多的机会去观察各种各样的人和他们的生活状态。

特别是每年招聘新员工，都是最好的观察机会。

我惊讶地发现，一个人的形象气质谈吐、学历背景能力，特别是面试时的现场表现，很多时候都和简历中呈现的家庭背景和个人经历精确吻合。

样本数越多，趋势越明显，也越来越指向一个可怕的结论：人并不是自由的动物，你出生在什么样的家庭，得到什么样的教育，有过什么样的经历，决定了你将会过什么样的生活，也影响着你的思维、行动和对世界的看法。

这就像很多美剧里，两个人初次见面，往往都会问及对方父母的工作，他们这样问并不是为了寒暄，而是在美国这种阶层高度固化的社会里，父母的工作几乎决定了孩子一生的走向！

我曾在南方的一个农村里见到过一个“红二代”，他的父母当年因为革命工作，把他留在了农村。

后来，他的父母身居高位，也有了别的小孩。他们辗转找到了那个当年留在农村的孩子，却发现他已彻彻底底变成了一个纯粹的农民。一家老小在农村过着日出而作日落而息的困苦生活。

而他父母后来生的孩子，却一直留在城市里生活，成了大领导。

多年以后，当他们的两个孩子再站在一起时，举手投足都像是两个世界的人，你很难想象，他们居然是来自同一个家庭的孩子。

人生虽然参差多态，却总是有迹可循，绝大多数人的一生，都像是已经提前写好的程序，会按照既定轨道走下去。要想跳出既有条件的影响，往往需要付出非凡的努力，更需要非凡的际遇。

人，生而不自由，这是我关于人生真相的第二层理解。

03

白公子是我大学里的同学，我们有着许多相同的经历、爱好和看法。

大学里我们曾一起参加诗社，毕业时曾一起参加面试并成为进入最终环节的两个人，工作后也同样努力勤奋。

但我们最终却走上了截然不同的两条路。

这些年里，我不管是对工作还是对生活都从来不敢有一刻放松，按部就班地升职、存款、置业。

而白公子，换了很多份工作，走遍了中国许多地方，去过世界几十个国家，不存款、不结婚、不买房。

这么多年过去了，在我们绝大多数人都陷入生活的重重旋涡中时，他的生活依然简单得像一杯清茶。

不论走了多远，打开他的背包，也就是两三件换洗的衣服和一本书而已。

就在我写下这篇文章的时候，他刚刚辞去了一份收入颇丰的工作，办理了去北美的签证，准备去那里待几年，读读书、写写东西。

他的生活状态让很多人羡慕，但也同样招致了很多非议。

我曾好奇地问过他，为什么要选择这样过，他的回答挺有意思：

“我怎么活是我的事，别人怎么想是别人的事，人就这一辈子，我为什么要按照别人的想法来活？”

我想起来去年的时候，我们曾经做过一项工作——审核单位里所有人的档案，还交叉去审核了其他单位里中高层领导的档案。

看得多了，我发现人生其实也就那么回事。

每一个人，他的飞黄腾达和他的没落，对他本人而言是几十年的漫长岁月。但在档案里，就那么几页纸。前一页的照片还满脸青春痘一副要改变世界的模样，再翻几页就变成了沉默的中年大叔，然后就两鬓斑白、满脸皱纹，已到了快退休的时候。

人生并没有什么标准答案，你期待人生的真相是什么样，它就是什么样。

你有你的路。我有我的路。至于适当的路、正确的路和唯一的路，这样的路并不存在。

——尼采

而很多时候，我们为之努力的，就是找到一条自己想走的路。

这就是我关于人生真相的第三层理解，认清这个世界，然后爱它。

如何从一个空有上进心的人，变成行动上的巨人

首先，阐明一个观点：**空有上进心≠拖延症。拖延是一种心理习惯，根本无所谓有没有上进心，谁都可能会有这样的心理状态。而空有上进心却没有相应行动，很多时候只是因为你根本不知道该如何行动。**

如果你想不明白这里面的道理，即使解决了拖延的问题，也解决不了“上进心”和“行动力”之间的问题；相反的是，我生活里认识的很多牛人，其实多多少少都有点拖延，他们只是在关键的问题上不拖延而已。

我们应该清楚地知道：如果“坚持使用某某法则或 APP”来代替“坚持”本身，是毫无效果的。就像许多企业里的“绩效考核”一样，本来是想用绩效考核激励大家工作，结果很多企业里“绩效考核做得怎么样”，反而成了衡量“绩效”的标准。一些大公司就是死在了这上面，绩效考核非常完善，一直到公司倒下，每个部门、每个人的绩效仍然完成得很好，但已经没有任何意义了。

许多人也是这样，比如我有在朋友圈坚持“扇贝打卡”的同学，坚持了好多天，确实记了很多单词，但根本不知道自己为什么这样做，过一阵子工作忙起来没空再去想这事儿，很快就又忘了。

我的许多经验都来自于对自己人生经历的总结，对这个问题的思考亦然，所以，我从我这些年的经历和反思中，给大家整理了非常受用的“三步”回答。

第一步，要想解决这个问题，你得先弄明白什么是“上进心”。

我大概自小就是一个上进心很强的人，但却时不时会陷入到颓唐、消沉的低谷中去，大学里更是彻底选择逃避和颓废，浑浑噩噩地过了好几年。

这些年回头去反思，才想明白，只要是个正常人，大概都会有“上进心”，因为大家都想解决更多的问题、过上更好的生活、成为更理想的那个人。但日常生活里，你做的绝大多数事情都与此无关，你根本不会知道自己做的哪件事，能让你离“上进心”更近。而日复一日毫无变化的生活，则会不断消磨斗志，直到再也不想行动。

“上进心”只是一个笼统的想法，要想落实到行动上，你得重新定义一个更具体的目标。而在这方面，我最独特的经验是：**不要定长目标，要定大目标。**

比如，前面说过的背单词，你给自己定一个“坚持一年背

8000 单词”的目标，远远不如定一个“考外交部、出国、当新东方老师……所以要背单词”这样的目标有效。

我们想想，不管是自己还是身边人，能记起的行动力最强、毅力最强的时候，其实往往就是高考、考研和追男神女神的时候。

因为我们都知道，这样的目标实现后，给自己人生所带来的改变几乎是颠覆性的。

我们要做的就是去找人生里可能存在的、能改变自己命运的巨大机会，并将机会达成的结果定义为“上进”的目标。

这样的机会又怎样去找?

一是，制度优势机会。比如，我们前面提到的高考、考研，这都是社会教育制度提供的能改变教育层次、知识结构和人脉资源的巨大机会，称之为现今制度下的“红利”一点儿也不为过。与此类似的还有国考、司法考试之类，所以我经常建议一些很有想法但基础一般的人去参加国考，考不上也无所谓，但考上了就是命运的转折。

二是，行业优势机会。这个社会的各行各业，兴衰荣辱就那么几十年，只要抓住了行业发展的大趋势，从里面寻到一星半点机会，随着整个行业的发展，最终都不会差。比如，前些年的房地产，这些年的影视文化、互联网。我一个同学，当年大学里比我还颓废，连课都懒得去上，挂了好多科。毕业后却抓住机会，参与了一个互联网金融创业项目，现在根本不需要任何激励就疯了一样地工作，更别说什么番茄工作法之类的东西了，因为这个项目一旦上市，他将有机会成为同学里第一个身家过千万的人。

三是，专业优势机会。我的好友——缺月梧桐大神曾经给我讲过一个“画家当操盘手”的故事。他认识的一个小画家毕业于某美院，却一直对金融有兴趣，而且一直坚持自学金融，嗯，最后真的通过长期混迹金融圈，找到一个机会成功转行当了操盘手。所谓的专业优势，就是不管你现在做什么，无论过去的基础什么样，你只要发现了自己身上的专业所长，就盯着这个专业里的机会去找，一个能充分发挥你专业优势的机会，也一定是一个能让你主动采取各种行动的机会。

第二步：采取行动。

在我看来，当你建立了目标之后，所谓的行动就是在你和目标之间建立“**清晰路径**”的一连串事件，除此之外你做的其他事，比如，日常生活里的吃喝拉撒，都只是满足你基本需求的东西，只要“路径”上的事情不耽搁，其他方面拖不拖延纯粹看个人习惯。

而这样的行动又可以分为两类：

第一类是直接服务于目标的短期行动。比如，大学毕业时，我们定的目标是去一家知名外企，那么直接的行动就包括：广泛收集各类外企基本信息（所属行业、在中国的分布、薪酬待遇等）、了解各类外企招聘的基本流程和要求（历年笔试内容、群面特点等）、精心制作简历、参加笔试面试等。再比如，一个专长唱歌的人找到了参加“中国新歌声”的机会，短期的行动就包括录制小样、报名参赛，通过后要去选歌、编曲、找一些人多的场合练习现场体验等。

基本上，只要你找到了足以激发你斗志的机会，重新定义了目标，就不难激发你为之行动的动力。唯一的问题只是，有些行动有效，有些行动没那么有效，并不是采取了相应的行动就一定能达成机会，否则成功的终点处早已人满为患了。

所以，我想强调的另一个独特经验就是：只要你真的去行动了，即使最终的大目标没有实现，这也会成为你为下一次机会做准备的“长期行动”。

这也是我想说的另一类行动，即间接影响目标的长期行动。

仍以找工作为例，等你做了以上直接准备后可能会发现，你的这些行动根本就没有用，因为很多知名外企要求绩点（而你过去的大学 4 年根本就没有学习），还有一些外企要求是学生会干部（而你压根没参加过学生社团），至于面试现场的语言表达、体现出的形象气质，更不是一朝一夕能达成的。

长期的行动对你现在定义的目标或者未来能找到的机会，看起来没有任何直接效果，比如你现在健身、在知乎上坚持写答案、每天努力看书，但当你有一天真正面临重大机会的时候，却可能提供极大的助力。比如，我多次提到过当年我毕业去央企面试的时候，不管是学习成绩还是大学里获的荣誉、参加过的学生社团，都没有明显优势，只是帮我勉强过了简历关而已。

最终让我脱颖而出的，只有两个：一是写的文章，而这是我大学颓废生活里唯一坚持做的事情；二是现场面试答题，这是我大一参加辩论留下的“后遗症”，后来也偶尔会看各类辩论赛或电视台的主持大赛，到毕业前夕临时捡起来，因为有这么多年的积累，所以事半功倍。

然而，这种长期行动又是最消磨人斗志的，比如我们都知道读书这件事对自己以后肯定有好处，但又有几个人能坚持下来呢？所以，这也是我想说的最后一步的意义所在。

第三步：建立补偿机制。

人类动物性的一面，会让我们更倾向于去做一些即时性的事情，比如，饿了就去吃饭、困了就去睡觉……做这种事情的时候，我们根本不需要激励，也不需要定目标、定计划，说干就干，干得还很起劲。

而“上进心”所期待实现的目标以及需要采取的行动，难就难在结果不是即时可见的，甚至有很大概率是实现不了的。

所以，从理论上讲，这是很反“生物性”的事情。

但人和动物之所以不同，就在于我们不仅会去实现眼前的满足，还会去思考未来的事情，甚至为了未来更大的满足而牺牲眼前的满足。

为了实现更大的目标，我们需要不断地和自己的“生物性”做斗争，生物性告诉我们“别费劲了，去玩游戏吧”“好累啊，明天睡个懒觉吧”“朋友聚会真 happy，不想参加都不行”……但上进心又不断提醒我们“不能玩游戏，你还想出任 CEO 呢”“想要迎娶白富美，就别再睡了，赶紧起来学习”“朋友聚会浪费时间，不如用来跑跑步健健身”……

如果我们不采取合理科学的方法来协调，光是这两者的斗争就足以消磨我们为数不多的斗志和毅力了。

在这方面，我独特的经验就是：**建立补偿机制。**

因为未来更大的目标会牺牲当前巨大的利益，就需要在这中间进行自我补偿，欺骗自己的“生物性”。通俗来讲，**就是扇一个耳光，给一颗糖吃。**

其实就是进三步的同时，允许自己退一步。比如，我一个同学当年考研，每周总会固定一天找我们去打一场酣畅淋漓的球……

只有当你定义了目标，规划了“行动路径”，并真的采取行动后，这一步才会真的有意义。

从“定义目标”到“采取行动”再到“补偿机制”，是一个完整的逻辑链条，也是我关于这个问题的全部思考。再次提醒下：这个逻辑链条里，最难的是“定义目标”，而最容易实现的是“补偿机制”。

所有的奋斗
都是一种不甘平凡
s t r u g g l e

Part 4

你现在的生活方式，决定了你未来的打开方式

彻底改变自己，需要的不仅仅是勇气

改变自己需要的不是勇气，也不是下定决心，而是经历，以及经历后的反思和行动。

我自己就是一个改变了许多的例子，从中学时代的自卑狭隘、汲汲于名利到大学时的心如死灰、感伤颓废，再到工作后的积极进取、自律克制，直到如今的沉稳隐忍、谋定后动。这些年我的性格、为人处世、思维方法……都发生了几乎翻天覆地的变化，经历了“三重”思考。

第一重思考，不自觉地改变自己。

人是环境的产物，上大学以前，每个人的性格和状态基本都是十多年里家庭、学校教育、生活环境下的产物，比如家境贫寒的孩子容易自卑钻牛角尖，父母暴戾的孩子容易人前沉默寡言、人后冲动易怒等，其原因在现代的社会学和心理学早有研究。

这个年龄段，能不靠家庭、教育和周边环境，而早早懂得改变自己且成功了的人，非常少。因为绝大部分人的心智、配套条件或者体力毅力都做不到。

我小学时很早熟，一直特别想改变自己粗心大意、遇胜则骄、遇败则颓的性格，发过誓、写过保证书，然而真的做不到，即使短期有改变，过不了多久就会打回原样。

在我看来，在第一重境界里，能真正引起你改变自己的，往往只有环境、经历等重大变化。

我曾经写过父亲去世前后我的变化：当那个能为你遮风挡雨的人突然离开的时候，这个世界就已经真真正正地改变了。虽然天地还是那样的天地，我却已经不再是那个任性而为、多愁善感、不知所云的我了。父亲走前，我考虑的是聚会，是去哪旅游，是跟父母对着干；他走之后，我考虑更多的是工作，是母亲的健康和养老，是未来自己要做什么，是父亲曾对我的期望……

这大概就是经历对人最大的改变吧。

除了这种被动的改变外，还有一种人，他们也知道不同的经历和环境可以让自己产生改变，于是自觉不自觉地加以利用，来促成自己在某方面的改变。但不得不说，这种方法的效率非常低下，因为绕的弯太大，而且很难控制。

它唯一的好处大概就在易于实现，改变自己虽然很难，但换个环境却不难。

比如，许多人失恋后要换个城市，遭遇打击要辞职旅游，工作不顺时就想考研、考 CPA、去读个 MBA……

本质上都是希望利用新环境、新经历的刺激，帮助改变过去一些固有的自我。

但是，无论你如何折腾自己，在经历了这些事后又有多少独特的感悟和改变，本质都只是在第一重境界里打转，是被动地接受、被动地调整。很可能，换种境遇，你又会性情大变。

最典型的例子莫过于那些失意时真情流露、平易近人，一旦得势立马换一副嘴脸的人了。

所以，我们来讲讲更难但也更直接有效的——

第二重思考，自我改变意识的觉醒。

当你有过许多次被环境和形势所迫而不得不改变的惨痛经历，当你有过无数次在社会上碰撞得头破血流的悲惨回忆，当你发现怎么努力却都徒劳无功的时候，是不是该认真想一想，到底是“这个世界错了”还是“自己错了”？

一般人大学里或者工作后会开始进入这重思考，这时候“中二”期已经结束，身边也有许多优秀或者失败的人生经历可供自己反复比较。

但不是每个人的思考都足够深入，也不是每个人都能从思考中采取行动。

更有许多人，终其一生也不会有这样的觉醒，他们觉得自己被同事排挤，都是因为别人是小人；没有得到重用，是自己怀才不遇；和同学、同事、领导关系紧张，是因为他们为人处世都不行；在感情里一败涂地，是因为女的都爱钱、男的只喜欢美女……

他们很少去想：万一真的是自己错了呢？其实，他们是不敢，因为这会颠覆他们的过去，对许多人而言，更是对以往自我的彻底否定。

事实上！我们需要的正是这个颠覆，要的就是这个否定，不破如何立？

没有对过去自己的反思和否定，没有对自己一系列遭遇的深入分析、研究、判断，不找几个牛人把自己骂醒，怎么知道自己有什么问题，怎么会有改变的动力？

我毕业工作初期其实相当不顺，甚至有过辞职的打算。后来下定决心留下来后，我开始对自己的经历进行深入反思，特别是为什么自己一再失败、为什么工作里没有信心、为什么感情总是以悲剧结尾……

每天晚上我下班回到当时租住的小房间里，就开始苦苦思索，分析自己的所有优势劣势，分析身边那些过得如意的人的特质，看各种各样性格分析的书，比如我知道自己容易陷入悲伤，就硬逼着自己远离伤感音乐，不写诗；我发现自己在情绪控制上问题很多，就看很多心理学的书，找认识的大牛交流情绪控制方法，自己也总结经验。

而所有的这些改变，我都在工作中再进行检验和调整。

那是极其痛苦的一个阶段，但我所获得的却几乎是新生。这对我工作、人生的巨大影响，至今仍难以估量。

更重要的是，当我习惯于自我改变后，即使后来面临的环境日趋稳定，我仍保持着经常反思、经常总结的习惯。

改变自己是一件很长远的事情，但当你走出了自省自觉的第一步，后面的就是惯性了。因为当你做出改变后，才能体会到那种与众不同的惊喜。

第三重思考，随心所欲的变或不变。

对这一重的思考，我自己也只是在摸索中。但我却知道，许多在商业、政治、社会活动等领域有非凡成就的人，都处在这一重境界里（科研除外，那块领域里似乎一根筋更容易出成绩）。

他们既不轻易被环境改变，也不刻意改变自身，一切的改变或者不变，都围绕着将要实现的目标而来，顺势而为。

这才是真正达到了从心所欲的境界。

所以在我看来，所谓的坚持梦想，并不是“坚持”梦想不做任何改变，而应该是为了“实现”梦想就得在许多方面做出改变。

坚持本身并不能实现梦想。能实现它的只有围绕“梦想”不断调整，采取更适宜的行动。

人生的转折不止一次，但一次也就够了

01

湖南电视台有一档真人秀节目，叫《向往的生活》，在北京郊区的山上搞了一个温馨甜蜜的“家”，让一群明星在那里过几天自给自足却又怡然自得的简单日子。

节目的主角是黄磊、何炅和一个年轻歌手大华，然后每期都会请一两个明星去“做客”，和他们一起到地里劳作，一起在屋里烧菜做饭。

有一期，他们请了两个嘉宾——李冰冰、任泉，都是国内挺有名的明星了。

晚上的时候，屋子里的他们吃着火锅聊着天，聊着聊着就聊到了当年是怎么出道的。

按照李冰冰的说法，当年她从一个一般人可能都没听说过的鸡西师范学校毕业，在五常当老师，参加一年一度的鸡西春节晚会时，遇到了演员高强。

高强忽然没头没脑地对她说了句：“你考上戏去吧。”

当年没见过世面的李冰冰还傻乎乎地说了句：“啥叫上戏？我不喜欢唱戏。”

在听完高强的解释后，李冰冰就真的去考了上戏，再然后就一路这么走过来了。

在这件事过去几十年后，李冰冰在节目中谈起来，感叹地说了一句话：

“人的命运就在这一刻发生改变了。”

何炅也是如此，他当年还是北外的学生，去参加北京市大学生文艺汇演结束后（当时演了一个小品《渗透》），现场导演邀请他参加之后的大学生毕业晚会直播。

何炅想都没想直接就拒绝了，原因是他要参加期末考试。

幸好当时他的老师在旁边，赶紧帮他答应了导演的邀请。再然后，何炅去参加了大学生毕业晚会直播，被刘纯燕看到，开始去中央台少儿节目做主持人。

谈起这段往事，何炅说：“如果我不去的话，就不会有今天的我了。”

窗外寒风呼啸，两个人都说得很随意，回忆那段往事的时候就好像谈起人生中曾经历的一件小事一样。

但很多年过去后，当他们站在所取得的成就面前再回头去看时，才真的发现，人生的命运就在那时发生了转折。

大多数人也一样，在面临这种人生转折的时候，往往并不自知。

02

然而我不是这样，我清清楚楚地知道和记得人生里第一次发生的转折——高考。

对一个普通家庭的孩子而言，高考永远都是一道改变命运的关口。只不过有人在这里实现了鲤鱼跃龙门，有的人却摔得遍体鳞伤。我比较奇葩，因为我在实现鲤鱼跃龙门的同时，仍然摔得遍体鳞伤。而所有的这一切都源于我对高考的预期。

高三以后，我的成绩一直在一所省重点高中里排名第一，而且一般会超出其他前几名几十分，当时有同学借用历史书里描述当代大国关系的一个词来形容这种情况：一超多强。

在我的预期里，高考状元、顶尖名校似乎已成为囊中之物。

结果却是，我高考遭遇了滑铁卢，虽然最终仍然考进了排名前 10 的名校，但状元、北大之类的却再也与我无缘。

那种深深的挫败感，不仅使得学习上一直顺风顺水的我难以接受，更造成了我极其严重的消极情绪。

而这，才是造成我人生第一次改变命运的关键原因。

我在大学里彻底失去了中学时代积极奋进的心态，一边陷入得过且过、浑浑噩噩的生活状态中，一边又为自己的自暴自弃而感到无比的悔恨痛苦。

我开始厌学、不去上课、通宵熬夜、沉迷游戏，很多门功课都徘徊在及格线附近，在最严重的大三上学期，我差一点点就退学回家了。再往后一步就是万丈深渊。

幸运的是，就在这个时间点，我赢来了人生第二次重大转折。

03

大三下学期开始后，我陷入了深深的焦虑中。

即使我没退学，顺利拿到毕业证，以我当时的状态，也不知道能找到什么工作；更严重的是，看到同学们有的靠着家里关系、有的靠着学校推荐、有的靠着自己应聘，都找到了毕业实习单位的时候，我压根就不知道去哪里找实习单位、怎样才能找到实习单位。难道要去校门口的 KFC 里做一个暑假的兼职来当实习吗？如果是这样的话，我还需要读什么大学？

就在迷茫与焦虑中，我有一天中午去食堂吃饭，忽然发现食堂外贴了一个非常大的海报。学校里要举办一次全国性质的诗歌赛，邀请了很多所大学的学生参赛。我想起了大一大二时因为爱好写过的那些诗歌，脑子一热饭也没吃就回去找了。

然而，我压根找不到我当年写的那些东西了，在好几年的颓废生活里，这些当年源于热爱写下的东西，都已被我抛进了废纸堆。

失望与痛苦中，我决定在时隔几年后，再次写写诗。

我花了一个晚上的时间，才写出来一首诗，没有了那些少年心性和轻歌飞扬，却灌注了这些年里我所经历的颓废、悔恨与从未曾忘的期待。然后，抱着试一试的想法，把这首诗投了出去。

让我没想到的是，结果出来后，我获得了一个全国三等奖。我第一次发现，虽然在那些颓废的日子里，笔已起锈，心已成灰，但当我时隔多年再提起笔来写东西的时候，居然还能得到认可。

如果一开始我就全力以赴，又会产生怎样的结果呢？

04

就像李冰冰他们一样，我也是在很久之后回头去看时，才真正感到，我的命运就在这里转了一个小小的弯。

那一次不经意的参赛，带给我的不仅仅是一次意外的获奖，更重要的是让我重拾信心，也为我之后找实习单位、找工作提供了一个拿得出手的“敲门砖”。

这两次“转折”的经历，带给我很多思考，其中一个是：为什么我们对那些坏的转折，立马就能发现，但对那些真正改变人生命运的转折，却很难在当下发现呢？

因为坏的转折，意味着“直接的失去”，你清清楚楚地知道你正在遭受挫折，这会立马让我们有切肤之痛。

而好的转折，并不意味着“直接的得到”，更多时候就像是遇到了一个机会，你根本不知道机会后面是什么。

05

不要以为这是个无聊的问题，这个问题背后隐藏着两条影响了很多人的一生，但却被大多数人都忽视了的道理。

第一条，当好的转折来临时，多数人都会因很难及时发现而白白错过。

人生的转折永远不会是直接告诉你晚上即将开奖的双色球号码那么直接而明显。

当何炅面对现场导演邀请的时候，他根本没想到这对自己的人生到底意味着什么，在他的意识里，期末考试明显更重要，因为“阿拉伯语挺难学的”。

如果不是何炅的老师帮他答应了央视导演的邀请，他很可能根本就不会走上娱乐的道路，那现在红透半边天的著名主持人也将与他无缘了。

人生面临转折的时候，往往也是你面临选择机会的时候，你根本不知道怎样的选择是对的，更不知道以后会给你带来什么，你能做的，只是趁着年轻更多地去尝试而已。

我在大学毕业以后想通了这个道理，此后几乎很少放过摆在面前的机会。

单位里的座谈征文、上级单位的联合调研、大型活动的组织策划、团委党委培训……

只要是我未经历过的，只要时间允许，我都会去尝试。

而我更发现，其实我们很多时候所谓的“没有时间”，只是把时间花费到了那些对人生毫无帮助的事情上了而已。

吃了很多亏，但也收获了很多；吃的亏越多，也越学会辨析这些机会背后的“含金量”了。

在知乎上，有很多粉丝问我：工作也好几年了，为什么总感觉一点起色都没有呢？

这是个系统问题，可能跟专业匹配度有关，可能跟工作氛围、状态、能力有关，也可能跟单位的职业晋升通道有关，但真正的根源还是在自己身上。

如果昨天、今天的你都在做同样的事情，那明天的你做的事难道会不一样吗？

机会往往留给那些有准备的人，而命运的转折往往留给那些敢于去尝试机会的人。

第二条，一次成功的大转折后，必然还有一连串小的转折。

再大的转折，站在人生的长河中看，也不过只是开了一个头，给了一个平台，创造了一个机会。

你往往还需要往后多走很多步，才能回头去说，那是人生的转折，倘若在那次转折后无所作为，有了机会却没有抓住，那这个原本真的可能改变命运的转折，最后可能也就半途流产，无影无踪了。

这就像李冰冰考入上戏后，也还要经历无数的磨砺与挑战，才真正成就了今天的事业和名声。

节目中，任泉谈到当时和李冰冰两个人在大学里参与了很多拍摄演出，但依然过得很苦逼。有一天夜里，两个人坐在街边，一边吃烧烤，一边聊起未来，满心惆怅地问对方：你说咱俩啥时候才能火啊？

这就是我想说的，人生的转折将取决于三点：一是不管你通过何种方式，自己折腾也好，贵人指点也好，总之，你到了一扇门的面前；二是你勇敢地锲而不舍地敲开了门；三是你通过这扇门走进了更多更高的门。你敲开的门越多，你获得的可能就越多，你就越能敲开更多更高的门。这就是人生里的马太效应。

此时你再回首往事，才会发现，所有的这一切很可能都源于最初的一次最关键的敲门，这时候，你也终于可以像大多数成功人士那样，发自肺腑地说：

我之所以成功，是源于命运的眷顾。

没有学会与孤独相处的人，不配谈自由

我一直认为，在孤独面前，谈论克服是可笑的。能被克服的，那不叫孤独，那应该叫“一个人待着好无聊、好寂寞”之类的状态。

而这样的状态其实很好克服，就像尼古拉斯·赵四说的“这世界上没有一顿烧烤解决不了的无聊，如果有，那就两顿烧烤”。无聊的时候，你会想，朋友们在干吗？最近有什么好电影？是不是该去逛下商场吃顿大餐了？

你虽然是一个人，但想的全是别的事儿。

真正的孤独，就是你根本不关心外在的世界，你的思绪无限延伸，从过去到现在再到未来，但想的全是“自己”。

我为什么在这里不在那里，我为什么是现在这样的状态，什么是真正的快乐，人生到底有没有意义。

人潮人海，熙熙攘攘，日子这么长，世界这么大，但又与自己何关？

我刚工作的前几年，一直用着一款诺基亚的老式手机——世界名牌、历史悠久、质量上乘，连着砸开8个核桃，壳子上都留不下一点儿印。唯一的问题是落后了至少10年。

它有且只有三个重要功能：打电话、发短信、看时间。此外，还有一个逆天的被动技能——充一次电可以用好几周。没有微信，没有知乎，没有支付宝，不能叫外卖，不能滴滴打车，更别说双卡双待、千万像素、美化你的美了。

在很多人看来，这简直low到爆。但事实上，是好用到爆，没有在移动互联网时代用过诺基亚的人，根本不能体会什么叫自由。

几年后，当我也开始用智能机，也在手机上装满各种各样“便捷生活”的APP时，却突然发现，我的时间并没有变多。谁能告诉我，网上购物、预约出行、叫外卖省下来的时间都到哪里去了？

那段日子里，我只需要在上班期间，用电脑处理好一切工作的事情。在这之外，根本不需要什么智能手机，也不需要什么APP，我的时间和空间完全属于我。饿了就下楼找家饭店吃点东西，想买东西了就去附近的商场逛一逛。

那几年也是我身心最自由，最充实的日子了。谁也不来打扰我，也不需要时时去关注朋友圈里又发生了什么事儿，又有哪个未读消息没有点开。

我可以去做任何想做的事情。比如锻炼、看书，以及自我提升。那段时间，我最多的时候一个星期参加了三个培训班——英语、PS 和影视制作。

练英语是为了弥补大学英语太烂的遗憾，学 PS 是因为工作上老有修图的需求，学影视制作纯粹是爱好，就想弄明白那些酷炫的效果都是怎么做出来的。除此外，我还上过羽毛球培训课、人力资源培训班、演讲课、游泳课……

我很享受那种一个人的状态，因为只有在那种状态下，你才能去干那么多与自己有关的事。

前段时间收拾以前的东西，忽然看到了一张“练琴卡”，想起来我还曾在离家不远的小区里练过好长一段时间的钢琴。

我相信很多人都曾有过钢琴梦，在光华流转万众瞩目的舞台上，双手如舞蹈般在黑白琴键间上下翻飞，沁人心脾的美妙音乐汩汩流出，这是多美好的场景。

但大多数人都像我一样，在最适合练钢琴的时候，别说摸到钢琴，估计都没有见过真的钢琴。

所以，当我工作有了一定积蓄后，就毫不犹豫地报了一个钢琴班，每周好几晚跟着音乐学院的一个研究生老师练琴。

虽然一开始连五线谱都不认识，手指僵硬得像寒冬腊月里的冰柱子，被同在琴室练琴的五六岁的小朋友碾压得渣都不剩，却依然乐此不疲。

也是在学琴的时候，认识了张姐，一个三十六七岁的企业高级白领，两个孩子的妈妈。

因为工作太忙，她每周去练琴的时间也不多。但每次都会和我一起，非常认真地从学习五线谱、练指法开始，偶尔也会单手弹一弹“拜厄”——用两只手，她不会弹。

张姐每天晚上都练到很晚，往往是琴室里最后一个走的人。我一直很好奇她为啥这么大年纪了，还要从头开始来学钢琴。有次练琴中途聊起来，她告诉我，原因其实很简单，就是太累了。

“我生完二娃后，重新回去上班，一下子就感觉不对劲了。每天都感觉累，工作也老是出错，一开始我和老公都以为是生完孩子没缓过劲来，于是请了保姆来专门带孩子、做家务，再加上我父母，我在家里真的是什么事情都不干。

“但就这样了，还是不行。每天上班，我都感觉好多人在我耳边吵吵闹闹说话，全都钻进我脑袋里去了，嗡嗡地响。晚上回到家，父母和保姆又争着跟我说孩子今天怎样怎样，然后大娃又缠着我要讲故事，二娃哭着不睡觉……

“每天我都觉得心慌，也不敢停下来，总感觉一停下来自己随时都可能倒下去。去医院检查，都说什么问题都没有，心律很整齐，一点杂音都没有。我老公看我不对劲，就带我去看心理医生，心理医生说了一堆什么产后抑郁、工作压力大之类有的没的，最后还是让我多休息。

“再后来，我就请了 20 多天的假，把年休假、病假什么的都一块儿请了，待在家里休息。有一天我就想，反正这段时间没什么事情，为什么不去报个班学点啥东西呢？学钢琴是我从小的梦想，但却一直没有机会学，正好这小区不就有个培训班……

“于是我就来这里学琴来了。”

“然后呢？我看您现在状态挺好的。”我问她。

“说来也奇怪，”张姐说，“一开始也有点坐不住，看着旁边都是一群小朋友弹得那么娴熟，自己年纪这么大了还要从头学起也挺不好意思的。

“但坚持了一阵，发现每次坐到这里反而心里挺平静的。什么都不用想，只需要专心致志地做这一件事情，我觉得好多了，没休完那20多天假就提前去上班了，但还是一有时间就来这里练琴。

“不管白天工作再繁忙，不管家里多少烦恼，不管自己脑子有多少乱七八糟的念头，只要我到了这里，就都暂时忘记了，这世界上只有我和钢琴了。所以你看，我到这里来，连手机都不带，家里人也特别支持。”

张姐说完，又开始认真地练琴去了，用一只手在钢琴上笨拙地按着。

其实，每个人都需要偶尔回归“一个人”的孤独状态。

人是社会的产物，无时无刻不是处在各种关系中，与家人的、与伴侣的、与朋友的、与同事的、与领导的、与陌生人的……

它们就像是一张张无形的网，将你裹挟在其中。

时间长了，你都已经忘了该如何去认识自己、如何与自己相处了。

你所认识的自己，都是与他人有关的自己，“在父母面前孝不孝顺？”“在伴侣面前完不完美？”“在朋友面前热不热情？”等。

很少有人会去思考，你在“你自己”面前，究竟是一个什么样的人。你究竟喜欢什么、想要什么，除了你自己又有谁会关心你？所以，不妨试着去感受下孤独，去和自己交流对话。只有在这样的时刻里，你才能真正遇见那个最初的自己。

我后来因为种种原因，慢慢不再去练琴了。最后一次去上课已经过了元旦，我和张姐又练到很晚，练习的曲子叫《欢乐颂》，张姐的两只手都放在琴键上，但只有右手在动。

大概一年后，我有一次晚上无意中走到了曾经练琴的小区门口。听到隐隐传来的阵阵琴声，忍不住想看看这么晚了还有谁在那儿练琴。等走近了，优美的和弦渐渐清晰起来，我依稀记得这个曲子叫《水草舞》。

我没有走进去，透着玻璃听了很久，看到张姐正一个人坐在凳子上认真地弹钢琴，双手在琴键上温柔地上下飞动。我一阵感动。这不是鸡汤，这是我经历的一个真实故事。

每天坚持跑步，遇见一个美好的自己

今天不想跑，所以才去跑，这才是长距离跑者的思维方式。

——村上春树

01

高三的时候，班里来了一位插班复读的女生。她成绩很好，第一次月末考试，就考了第一名，大家都很好奇这样的学霸怎么还会复读。

她的作息非常规律，每天早上会提前一点到教室看书，晚自习的中途会离开教室半个多小时，然后气喘吁吁地跑回教室。我一直都觉得她是个“怪人”。

直到有个周末，一大早我去教室，准备把昨天忘了带的试卷拿回家继续做。推开门，惊讶地发现她一个人在教室里坐着看书。我一开始有点蒙，等反应过来后，我震惊了：因为我们周末是不上课的！这得多勤奋啊，唯一休息的1天，还这么早来教室。

更让我震惊的是：她穿了一身运动服，看起来就像是马上要上场参加运动会一样。

她看到我，明显也很惊讶，有点不好意思地说："周末不上课，你怎么过来了？"而这正是我想问的啊。来就来了，还穿得这么奇葩，难道穿运动服对复习有加持？

02

后来我才知道，她之所以周末还在教室，是因为她家在外地，1个月才回去1次。而之所以穿着运动服，是因为她每个周末都会去学校附近的山上跑步。

她原本是学校里的尖子生，但上一次高考的时候，因为复习太拼命，再加上平时缺乏锻炼，高考之前病倒了。但她没有放弃，而是顶着40℃高烧坚持考完整个高考，差点晕倒在考场上。

然而，和许多心灵鸡汤里写的不一样的是，坚持的结果不仅没有创造奇迹，连发挥正常都没有出现。

她直接从天上摔到地上，高考成绩硬生生比平时少考了100多分。然后，她就出现在了我们班上，开始了复读生活。

她的复读和上一次冲刺高考并没有什么不同，唯一不同的是，她吸取了上一年的教训，开始锻炼身体。每天晚自习上到一半都去学校的操场里跑半个小时步，因为提前和老师们都沟通过，所以谁也不会管她。

每个周末的早上，吃过饭看会儿书，等消化得差不多了，她就在学校附近一座有健身步道的山上跑 1 个多小时。

03

这个女生就这么坚持跑了 1 年，风雨无阻。最后的结果是，她就这么一路跑进高考，然后高分考进了上海的一所 985 名校。

中途有一次，我曾经在好奇心的驱使下，周末一早跟着她跑了一次山路。然后，我一大老爷们儿，被她甩得连影子都看不到了……

高考后，我们再无交集。

大学毕业前夕，我在一家杂志社实习，要去上海搞一次访谈活动，地点就在那个女生所在学校的报告厅。

我出差到那儿后，通过高中同学联系她出来吃了一次饭。让我震惊的是，她居然将跑步的习惯带进了大学，晚上和我吃饭前，刚在健身房里跑完步！

她告诉我，一开始跑步只是抱着一种很功利的心态，就是为了顺利高考。但在坚持一年后，跑步成了她生活里最不能放弃的一个习惯了。

那时的我，刚刚从大学里持续近 4 年的颓废中走出来，不管是身体还是精神状态，都有一种大病初愈的感觉，一种难以言述的无力感会时不时袭来。

“去跑跑步吧。跑起来，你就会明白很多东西的。”

她听我讲完大学里所有的颓废故事，最后分别时对我说道。

04

从上海回来后，我找了一天晚上，悄悄摸到学校操场，在没人看见的跑道上试着跑了跑。

但这些年持续的颓废生活，吃着泡面通宵打游戏，天天日夜颠倒，早已侵蚀了我的身体，我只跑了 1 圈多，就气喘吁吁的坚持不了了。更重要的是，长期颓废后，我的意志力变得极其脆弱，我至今仍记得当时我最真实的想法：既然跑不动，那就这样了吧，我已经不行了，我已经不是当年的那个我了。

如果那时我放弃了，大概后面就真的很难走出颓废的状态了。我短暂歇了 10 多分钟后，逼着自己又跑了 1 圈。合起来也没跑到 1 公里，却整整跑了 10 多分钟。

第二天晚上，我忍受着浑身的酸痛，再次来到操场边上。自己给自己打气说：今晚，我只需要比昨天多跑半圈就行。半圈就行。

然后，跨出去第一步，我就知道不行了，昨天有些拉伤的腿部肌肉有一种被撕裂的疼。我大口呼吸，忍着痛，跑了 1 圈多后，又开始上气不接下气，感觉自己随时都可能喘不过气来，肋骨也一点点地扯得疼。我靠着“要么死，要么跑完”的一股狠劲，终于坚持跑完了 1 公里，几乎直接瘫倒在跑道上。

但从那天起，在大学毕业前夕，我就这么一瘸一拐地开始每天晚上去跑步。每天都比前一天多跑一点点。

神奇的事情发生了，大概 1 周以后，跑步的时候腿不再那么痛了，呼吸的时候也没有那么难受了。半个月后，我能在操场上一口气跑 5 圈了，每圈 400 米。

跑步给了我非常及时的正向反馈，让我清楚地知道，我每天总能比前一天有进步，要么是多跑了半圈，要么是快了一小会儿，或者就是这种“又多坚持了 1 天”，都会让我觉得自己只要努力，总能比过去更“了不起”一点。

跑步成了我走出颓废的一种方式，更成了我“不破不立”的见证。

05

村上春树也是一个长跑爱好者，他曾在《当我跑步时，我在谈些什么》里写道：就这般，在长达四分之一个世纪里，日日都坚持跑步，各色各样的思绪从心底涌起。

当你真正开始坚持跑步之后，就会发现，其实跑步的时候，是一个人的思绪最放松的时候。你只要保持双腿匀速向前迈动，双手有节奏地前后挥动，大脑就可以自由地进行遐想。

工作以后，我每天戴上耳机跑起来后，有时候会想一想这一天都干了什么事儿，有什么事儿疏忽了？有时候会想一想这个月发了多少工资，花了多少在哪儿，到月底能存多少？有时候也会回忆起大学时和室友们整夜开黑的日子，不知道他们现在都在干什么，都像我一样为了在这个城市里立足而拼命努力吧？

更多的时候会想，爸妈身体怎么样了，我什么时候才能把他们接到北京来，他们来北京后，我要带他们去哪里玩，天安门和故宫肯定是要去看看的，爸爸是老党员，那么热爱毛主席，毛主席纪念堂是肯定要去看的，他们能适应北京吗……

夏天的时候，去北戴河出差，吃过晚饭，我就一个人沿着北戴河蜿蜒的海边跑上好几公里，海风舒爽地迎面吹在脸上，带来远洋的气息。海岸边有点点亮光，还有数不清的男女老幼在沙滩嬉戏打闹，说说笑笑，我从他们身边轻快地跑过，一刻也不停留，但已将这充满生活气息的场景和声音印入脑海。

06

还有些时候，反而什么都不用去想。跑步就是纯粹为了放空自己，你只要专注于脚下，专心地看着前方的路，其他的什么都不用去顾及。

几年前，父亲病重，我医院单位两边跑，无暇顾及工作，给了下属可乘之机。当我得知他趁我不在单位背后捅刀子的时候，那种愤怒、失望、难过，从头凉到脚的感觉至今难忘，再加上家里的事情，真的是每天都身心俱疲。

那段时间，如果我没有坚持跑步，很可能真的撑不下去了，不管是心理上还是身体上。为了平复晚上回到家时低落浮躁的情绪，我每天都逼着自己跑很长时间。天气好的时候，在自己住的小区附近跑，天气不好就去健身房跑。

萨默赛特·毛姆曾写道：“任何一把剃刀都自有其哲学。”大约是说，无论何等微不足道的举动，只要日日坚持，从中总会产生出某些类似观念的东西来。

跑步也是这样，当你一天天、一周周、一月月、一年年坚持下来后，你会发现它带给你的远不止健康的身体、积极的情绪、良好的心态那么简单。

它还是一段最难得的独处的时光，你路过的所有高楼大厦、所有灯火辉煌，所有的人群如潮、众声喧嚣，在你奔跑的脚步中，都不过是一段段一片片的浮光掠影。天地间，只有你和你自己在对话，只有你永不停歇的脚步是永恒。

跑起来吧，就今天。

总有一个瞬间，会让你觉得读书有用

01

我小的时候，每个村都有一个茶铺。

这个茶铺是一个村的生活、政治、文化以及八卦中心。

村民们在农闲时节会整天整天地待在茶铺里，每人要一碗很劣质的茶，然后聚在一起打牌、聊天、扯淡。

我读小学时，放假也经常会跟着父亲到茶铺里去喝茶。听一群人摸着茶杯底探讨宇宙、历史、国家大事。聊的内容差不多都是美国人在月球背面发现过外星飞船；李自成打下北京城是为了陈圆圆……

不幸的是，那时候的我已经看过很多书了，于是总忍不住会去反驳他们。一群人聊得正起劲的时候被我打断，就会很不爽地对我说："你一小孩儿懂个屁，一边儿玩去。"

02

有一回，大家又开始讨论雍正把“传位十四阿哥”改成“传位于四阿哥”之类的野史传奇。我又忍不住说：“古代用的是繁体字，那时候的‘于’不是现在这样十字上面加一横，改不了，再说清朝人还不一定用汉字呢。”

搞得一群正聊得热火朝天唾沫飞溅的叔伯们都有点下不来台。父亲直接把我拎回家，以后都不让我跟他去茶铺了。那个时候我总觉得，读书真是没用啊。后来我才明白：不是读书没用，而是在那个地方没用。

换个角度也可以说，我读书、学习，其实也就是在帮自己找个用得上的地方。

03

我小时候之所以看那么多书，原因主要有两个。

第一个原因是我所读的希望小学，总能拿到城里人捐赠的书，直接一车一车拖到我们学校。

第二个原因是我那时候跟着父亲住在学校里，住的地方就一张床一张桌子一把凳子，到了晚上也没有别的娱乐活动。

父亲一般备完课，会找学校里的老师下下象棋。

而我除了对着墙壁打乒乓球，也就只能靠看书打发时间了。

04

那些城里捐来的书都集中放在学校的一个破旧教室里，摆了整整一教室。吃过晚饭或者周末，我经常就在里面看很久的书。现在回想起，那些书只有八个字可以形容：包罗万象，博大精深。

既有像《十万个为什么》《十万个智斗故事》《郑渊洁童话》《火炬在燃烧》这种适合小学生看的书，也有《烟雨濛濛》《万家灯火》《白狐》之类适合单身青年看的书，还有《济公传奇》《三国演义》《射雕英雄传》这种老少咸宜和《机械大全》《摩托车维修》《烫发染发技术》之类莫名其妙的书。

然而，最让人想不到的是，这里面还有不少《金瓶艳史》《寡妇闹江湖》《素女真经》之类少儿不宜的作品。

这些书都极大地开阔了我的眼界、知识面以及生理健康等的理论深度。

05

当年和我一样喜欢在那个教室里看书的，还有一个父亲同事的儿子。

他比我大好几岁，不过相对于我喜欢看那些乱七八糟的书，他更喜欢看一些《少年科普》《太阳系简介》之类的书。

他跳了好几次级，六七年后，以我们当地高考理科状元的身份考进了北大，研究核物理去了。他的理综考了令人咋舌的297分（满分300），成了我所在的希望小学里第一个考进名校的人。而在他参加高考的那一年，我差不多刚刚上初中。

县里中学的自主录取考试，非常残酷。从农村来的学生如果考不了全县前几十名，要想读县里的中学就得要缴纳近乎“天价”的择校费。

我当年很幸运，靠着小学时杂七杂八读来的东西，最后居然考出了全县十多名的成绩，免除了择校费，终于能进县里上学了。整个初中和高中时代，我都并没有如想象中那样在学习上用太多精力，而是靠着小聪明跟着大部队一起跑。

大量的时间我几乎全部用来读书，读各种乱七八糟的书。那年头流行租书，学校附近就有很多，男生一般都会去租金庸、古龙的武侠小说，女生一般就去租席娟、古灵的言情小说，韩寒、郭敬明的书也是在这个时期看的。我因为没钱，一般就借他们的看，特别是看了好多古灵之流巴掌大的言情小说。

和现在很多人压根没看过《小时代》之类就人云亦云地觉得这些书是垃圾不同，我是认真地看了这些作者的几乎所有书，然后深深觉得：嗯，确实没什么意义，尤其和那些正经书比起来。

但客观地多说一句，确实还挺好看。

06

县里还有一家书店叫“启航书屋”，就是一个卖正经书的地方。

老板是个 30 岁上下、漂亮干练的年轻女人，对去她店里看书买书的人都特别和善。

我那时候就经常去她店里看书，在那儿完整看完了各种中学生必读经典书目。还看了很多对那时的我来说有点超前的书，比如钱钟书的《管锥编》、萨特的《存在与虚无》、乔伊斯的《都柏林人》。但也是因为穷，一本都没有买过。

唯一让我觉得欣慰的是，那些当年学校周边如日中天的各种租书小店现在都没了，倒是那家“启航书屋”还开得挺好，并且扩大了店面。

今年 6 月我回到老家，带着外甥女去“启航书屋”买书，看到依然年轻的老板娘，眼角也已经有了细细的皱纹。

没想到老板娘一下子就把我认出来了，笑着对她店里的员工说：“就是他，那时候老在我店里看书，又不买，我还给他一把凳子让他坐着看……”

07

我的大学，其实过得非常颓废。

整整四年，基本上就只待在三个地方：网吧、宿舍、图书馆。

在网吧通宵玩游戏，然后回宿舍睡觉。

在既没有玩游戏也没有睡觉的时候，就去图书馆看书，弥补下内心因颓废而产生的悔恨。

如果说小学的那间破旧教室为我看书开辟了一条路的话，大学图书馆就是开辟了一个世界。

因为藏书十分丰富，往往找一本书就能找到和它相关一系列书，所以我在大学里终于开始成体系地看书。

比如看鲁迅，看完《鲁迅全集》，还看各种研究他的书，看别人是怎么说他的；看《红楼梦》，就从胡适、周汝昌、俞平伯一条线看下来，什么红学流派都瞅一眼；有段时间对佛经感兴趣，就去图书馆看了所有馆藏的佛经，抄了整整一本笔记本；对笔记小说感兴趣，专门去古籍馆里看了一个多月的唐宋笔记小说……

我还曾非常神经兮兮地研究过一段时间的甲骨文，在笔记本里抄了很多，甚至用甲骨文写诗给某个女生。

但那时候，我根本不知道看这些书有什么用。很多书也根本没看明白，比如，康德、胡塞尔、海德格尔之类的哲学书。我只知道，在那段日子里，只有做这么一件事情，我内心才能稍稍安歇。

08

有人问我，25 岁的时候做什么事情，会让 5 年后觉得获益匪浅。

我毫不犹豫地说了两个字：读书。

越往后走，就越难把书读进去了，特别是在结了婚有了小孩儿后，能在一段时间内完整读完一本书都会变成奢求。

借用某句话来说：**读书最好的时间是 10 年前，其次是现在。**

现在想来，我觉得最幸运的事就是在上学阶段，趁着大把时间看了很多杂书，武侠的、言情的、不可描述的、看不懂的甚至是“脑残”的。因为等到你大学毕业后会发现，再去看这些书是不可能的了。

毕业工作后，看书一定会变得很“功利”，有时间，一定要多去看对自己真正有用的书，比如跟工作有关的工具书，研究经济学、政治学、社会趋势类的书，控制情绪、心理学之类的科普读物，分析问题解决问题之类的方法论书。

那种纯粹娱乐化、消费化的书，也只有特别闲的时候才可能去偶尔读一读。而“特别闲”恰巧是工作后最可遇而不可求的东西。

我也常常在想，这么多年，看了那么多书，到底真正带给我了什么？

有很多东西在我脑海里想要冒出来，“考上大学”“找到工作”“改变了命运”“不会轻易随大流”……这些都是，但又不都完全是。

其实，很多我读过的书，其实都已经忘了，甚至连书名都不能完整记起来。

但我现在所说的每一句话、写下的每一个字，甚至做的每一件事情，背后都是我读过的每一本书。

我为什么还愿意写东西？

也不过是读了那么多书，不甘寂寞罢了。

我想，这就是读书的意义所在。

那些看起来很了不起的成绩，都源于一点点的积累

最近看到有个问题挺好的：“为什么毕业三四年之后，同学之间的差距会这么大？”那是因为毕业后，你再看不到他平时的积累，等你看到他做出的成绩时，就只有惊讶的份了。

我身边正好有个例子。

有个同学，大学毕业后交流很少，一两年前听说他业余在运营微信公众号，我还不以为意。直到去年底，有一天无意中看到朋友圈分享了一篇阅读10万+的文章，点进去一看，居然是他的微信公众号发的。

等我前段时间关注这个号的时候，发现他的微信公众号已经是这个类别里排名前10的个人号了。

除了震惊还是震惊，因为一开始没有关注，我现在看到这个微信公众号里动辄10万+的阅读量，完全一脸发蒙，不知道他是怎么做到的。

现在很火的节目《奇葩说》，里面好几个人我都认识，因为大学里我也参加过辩论赛，获得过最佳辩手，但因为打辩论赛需要

花费大量的精力和时间，我实在受不了天天耗在上面，放弃了。

再然后我正常地工作了，与他们再无交集，直到有一天看到他们出现在《奇葩说》上，我才明白原来他们一直都还没有放弃辩论。但现在，我早已沦为辩论路人，而他们则成了大神。

了解辩论的朋友都知道，你在场上看到他们的精彩表现，现场每一句精彩绝伦的话、每一个出人意料的反转、每一次煽动人心的总结陈词，其实下面都是无穷无尽的打练习赛、找资料、做分析、写辩词、千锤百炼、点滴积累的结果。

所有职场里你现在看到的大神、牛人、达人，你看到他们简历上硕果累累的成绩，看到他们现在做的许多高大上的工作，其实都是从细微的事情开始的。

你与他们的区别就在于，有些事情看着挺难、很费时间，你放弃了，但他们去做了，从最小、最细微处开始做起。只要这事儿是有意义的，几年后，就一定能看到差距。

另外，多说一句，不管是我同学的微信公众号还是《奇葩说》里的很多选手，其实更多的是多利用了业余时间而已。

所以，还有一句话是怎么说的：成功取决于八小时之外你所做的事情。就算不能成功，至少，你副业干得好，也会让你的主业没有太大压力。而当有一天你的副业日积月累终有成绩的时候，甚至可能让你的主业也黯淡无光。比如，主业办报纸、副业写小说的金庸，或者主业办报纸、副业读金庸的六神磊磊。

只有经历了动人的过程，才能享受到动人的结果

只有经历了动人的过程，才能享受到动人的结果。这是我在心里经常告诉自己的一句话。

这句话是我和建哥一起看武侠小说时曾看到的一句话，也是10 年前我们俩一起离开农村老家时，曾相互鼓励过的话。

建哥的大名叫王建设，因为他父亲没读过书不认字儿，这个充满社会主义激情的名字是他上过私塾的爷爷给取的。

当年，我和他一起从一所偏远的希望小学毕业，又一起考入了县里的中学，再然后考上大学，生平第一次真正离开了那片贫瘠的丘陵山区，成为那一年村子里仅有的两名大学生。

此后的时间，他在天津，我在北京。

我们彼此联系很少，唯一相同的状况，大概就是都很穷。

两个都已经读大学的人了，每年假期回家都还是在挖田刨地、施肥除草，干很重的农活。

建哥读大学主要靠贷款和借钱，第一台电脑，是在酒吧里当了整整一个暑假的服务生后买的。

工作的前几年，挣的钱都用来还贷款和欠债，收入虽不低，但也常常入不敷出。因为负担重，一直没有谈恋爱，也没有什么应酬。

有一个周末去天津，我和建哥在南开大学里闲逛，看到一个学生模样的男生开着一辆兰博基尼的超跑从我们身边绝尘而去，溅起的泥灰让我们吃了一嘴。建哥由衷地感叹道：要是读大学的时候，就能开着兰博基尼逛街，得多拉风啊。

而我突然就想起了本文开头的那句话。

我们上幼儿园、上小学的时候，当人问起“小朋友你有什么梦想？”时，总有一大波科学家、教授、比尔·盖茨之类的回答纷纷来袭。连我都曾恬不知耻地说过，想要当个作家。

但等到长大以后，心中自然明白，虽然还不一定知道未来自己能做成什么，却大致已经知道未来做不成什么。

如果人生能够快进，拉到底去看，你会发现绝大部分人都不用折腾了，因为注定了不可能成为乔布斯、巴菲特、马云、王健林，也不可能成为明星网红、英雄劳模，甚至还不一定能成为凤姐，毕竟不要脸的那么多，凤姐却只有一个……

很可能，你拼命奋斗一辈子，最大的成果也不过就是在这座城市买了套房，养大俩熊孩子，为社会做了那么一点微不足道的小事。

单从最后的结果来看，许多人连继续奋斗的勇气都没了。

就像建哥，离开老家已经整整 10 年，离成功仍然很远，离他喜欢的兰博基尼更远。更加残忍的是，我们俩奋斗至今的结果，在那些大学里就能开超跑的人看来，几乎不值一提。但这并不影响我们去享受现在奋斗的结果。

玩过游戏的人大概就知道，别人给了你一个顶级号，全身神装，史诗坐骑，声望刷满，但很可能玩不了两天就会觉得索然无味。真正值得回忆的，是一起做任务，是一起打竞技场，是一起团灭跑尸的场面。只有你真正去经历了这一切，最后你获得的装备、声望或者称号，才真的会让你觉得满足。

把过程做好了，即使是那微不足道的成果也值得回味。

建哥现在不仅还清了欠债，而且还帮着家里重新修了楼房。

那天晚上我和建哥聊到很晚，我们聊到了曾一起干过的农活，聊到了在县城上学时曾遭遇的霸凌，聊到这一路走来的种种艰辛。一直聊到未来的种种规划，聊到把各自的父母都接过来，让他们一起去爬爬长城、看看天安门……

建哥的眼睛里，一直闪着亮光。而在我们睡的床边和柜子里，静静地码了很多已经翻得有些破旧的专业书，那是建哥这些年奋斗历程的见证。

一个人的成就、坚强、睿智、冷静、气度，都是和他所忍受过的孤独和贫穷成正比的。岁月会强有力地证实这句话。

我也将一直坚信这句话。

只要她们还好，我就是在享受生活

知乎上，曾有人邀请我回答一个问题：“什么才算是真正的享受生活？”但其实，这个真的不应该邀请我回答，除非是作为反例。

因为我一家三代人，跟“享受生活”这几个字压根就没有沾边过。

01

我爷爷是标准的贫下中农，辛苦劳累一辈子，也只有茅草屋几间，50多岁就去世了，他去世时我还没有出生。

我父亲算是家里第一个读书考出去的，读完书却选择回老家当了一名乡村教师，从1973年开始教书，在一所希望小学里干了近40年，退休后又继续返聘，直到干不动了，往后的几年都是在同工作时落下的病痛做斗争。

虽然是传说中的校领导，但一辈子两袖清风，家里穷得叮当响，工作之余还得种田、养鸡养鸭补贴家用，所以我也跟着直到上大学前都还经常下地干活。

父亲去世时，我还没有结婚也没有孩子，这是我最遗憾的事情，因为我没有见过我爷爷，所以我是多么希望自己的孩子出生时，睁开眼能看到他爷爷啊！

至于我自己，关注我微信公众号和知乎的人会发现，我更新文章或者回复私信大部分都是在深夜。这不是因为我懒，而是因为其他时间我基本上都在工作，前段时间更是经常一两周连着回不了家，所以很长时间没有更新了。

连生活都快顾不上了，还谈享受生活？逗我呢。

02

但话又说回来，谁不想到处走走、看看世界到底多大，谁不想一杯清茶一本书地待上一整天，谁不想红袖添香、没羞没臊地过一辈子……

高晓松说：生活除了眼前的苟且，还有诗和远方。（1）

事实却是：我们现在的生活，对任何一个相隔万里的人而言，其实就是远方。（2）

你以为你逃离了眼前的生活，就能在另一个地方收获新的生活。

但学过数学的可能都知道，综合（1）和（2）可以推出一个显而易见的结论：

生活除了眼前的苟且，还有远方的苟且。换句话说：该你面对的生活，你怎么也逃避不了。

所以，与其讨论该如何享受，不如好好研究该如何对待生活。

03

李开复老师在《向死而生：我修的死亡学分》中写道：一个光环笼罩、天之骄子样的人物，有朝一日也被抛在癌症的烂泥地里，跟一群凡夫俗子一样在这里挣扎求生。

我想，像开复老师这么优秀的人物，在经历了这么大的变故后，所总结的人生道理，一定会是非常深刻的。

那么，开复老师关于人生应该怎么过给的答案是什么呢？

他总结了 4 条：（1）拥有健康；（2）创造“难忘时刻”；（3）尽力做好自己，不必改变世界；（4）活在当下。

我感觉，总结起来好像就是这么一句大实话：

别折腾，好好过。

04

几年前，他并不这样说。

那时候，他以自己每天只睡四五个小时为傲，可能从来也没有想过要把“拥有健康”放在人生目标的第一条。

我猜测，他那时的目标应该是第（3）（4）条的反话：改变世界，创造未来。

但在经过了一系列变故之后，他终于给自己定下了更为简单明了的人生目标，在他的书里，他觉得他往后的每一天都是在享受生活。

所以，要想享受生活，请先想明白你到底想要怎样的生活。

从偏远的乡村来到北京，我见过了太多忙碌而焦虑的年轻人。

很多人不知道，他抱怨自己从未好好享受过生活，其实很多时候只是因为，他从未认真地给自己的生活定一个目标。

生活的压力下，所有人都在不停追逐，毕竟，你对物质生活要求不高，物质生活就会对你要求很高。

但上限是什么？买下房子？找个女朋友？有一辆车？存款×××万？什么时候，你才能觉得自己可以歇一歇？

05

大学毕业时，我也给自己定下了和开复老师相似的人生目标。

那时候，我总觉得人生就得要往高处走，就是要做精英，就是要与众不同，就是要站在巅峰。

几年前父亲的突然离世，第一次促使我去思考人生的意义是什么，父亲辛苦劳累一辈子又到底为了什么？

因为在我看来，父亲这一辈子就没有好好休息过一天。

直到几年后我也成了家，生活也同父亲一样开始忙碌，才开始真正理解父亲。

有一天晚上我非常疲倦地回到家，一头倒在床上。

将睡未睡之时，听到房间外母亲和爱人在一起做家务，小声地聊着天。

我迷迷糊糊，心里却感到异常的温暖平和，就觉得：只要她们还好，我就是在享受生活。

要想摆脱父母的控制，真的只能靠自己努力

01

我读大学时，班里有一个女生，父母都是老家城里的小领导，家境优渥。

她父母基本上隔三岔五就来看她，让我们震惊的是，每次还会给她买好衣服带来，就好像她还是个不懂自己买衣服的孩子一样。

没来看她的时间里，她爸妈每天都要给她打电话或者视频，了解她的情况。

当时的我对她父母对她的关心爱护羡慕极了，因为读大学的 4 年里，我父母为了省钱从来没来看过我，也很少跟我打电话。

我在大三玩游戏玩得最疯狂的那段时间里，晚上基本没在宿舍睡过，白天也基本没去上过课，但我爸妈统统都不知道。

我那时候就经常想，要是有一天我因为这种状态被学校开除，

像有个新闻里讲的那样，就在学校边上租个房子继续玩游戏，他们估计也不会知道，仍然每个月都给我寄生活费吧。

这样的想法，曾让当时的我痛苦万分。

02

毕业的时候，我听到了一个让我难以置信的消息：那个女生选择回老家去了。

要知道，她的成绩一直名列前茅，各方面也都很优秀，不管读研还是留京找工作，都能有不错的选择。但她是家中独女，她爸妈不能接受让她一个人在外漂泊，从大三起就开始给她灌输毕业就应该回老家找份稳定工作的观念。

毕业前，父母甚至直接帮她报了当地学校的招聘考试，让她回老家的中学去当老师。

据说，找到工作后她曾经在宿舍哭得稀里哗啦，因为她并不想回老家，更不想当老师。

那是我第一次，一点都不再羡慕她父母对她的关心爱护。

我找工作时，我父母连我去哪个城市工作都没有关心过啊，更别说管我找个什么样的工作了。因为他们的放任，我虽然也曾面临过大学里沉迷游戏的失控，但也获得了工作和恋爱的各种自由。

几年后，那个女生出差来京，找了几个还留在北京的同学聚餐。这时候的她已经是当地高中毕业班的班主任了，结了婚，生了孩子。生活波澜不惊，比我们这些留在北京奋斗的人舒服得不知到哪里去了。但我却感觉，在她的眼睛里，有什么东西失掉了。

03

除了这个女生，我还见过好多从小到大被父母管得死死的人。

情况有好几种，一种是父母都有不错的工作，本身就很优秀，不希望自己的子女走太多弯路、吃太多亏，所以喜欢护着他们；一种是父母把子女看成是自己人生的延续，为了让子女实现他们的“想法”，所以会对子女的选择进行各种干涉；还有一种是父母没有文化，本身就很独断专制，不允许子女有丝毫反抗……

“这都是为你好。”“我是你爹，还管不了你了？”“你这么不听话，是不是想把我们活活气死！”“你如果实在不听的话，那你就去吧，就当我们没生你这个儿子/女儿。”——这些都是他们惯用的台词，很多人可能没有意识到，父母说出这样的话就意味着他们并没有把子女看成是一个能跟他们平等对话的独立个体。

君君臣臣父父子子。没办法，中国几千年的传统文化里，父母子女之间永远都存在着伦理纲常的巨大鸿沟。做子女的稍微有点不一样的想法，很容易就会被扣上“不孝”的道德大帽。

总之，在中国的文化语境里，父母控制子女的生活是常态；反之则是异类。要想遇到一个通情达理、世事开明的父母，这真的很需要运气。

04

所以，在绝大多数人的一生里，如果你没有充足的运气，要想摆脱父母的控制，只能依靠自己斗智斗勇，和有朝一日你父母大彻大悟。

但现实却是，你父母的大彻大悟，往往只有在你自己斗智斗勇时才会发生。换句话说：要想摆脱父母的控制，真的只能靠自己努力。

其实，我之所以能获得身心上的自由，也正是因为我和自己比较保守封建的父母“斗争”的结果。这样的“斗争”，我后来进行过很仔细的思考，总结成了两个“3”。

第一个“3”，要想摆脱父母的控制，最好的时间段只有三次。

青春期、读大学、毕业工作。

错过了这三个时间段，再往后结婚生子都很难不受父母影响，甚至越往后越难摆脱。

第二个“3”，要想摆脱父母的控制，方法也只有三种。

人格上剥离、空间上疏远、经济上独立。

虽然一个是说时间，另一个是说方法，但这两个“3”并非独立的两个东西，恰恰相反，它们有着千丝万缕的关系。

05

青春期，是子女从父母人格上第一次剥离的时期。

这时候的他们，第一次开始拥有自己独特的情感、喜好、习惯，不再只是父母的附庸。所谓的叛逆，也正是建立自己独特人格的过程，这也往往是与父母“斗争”最为激烈的时间段。因为他们很难接受，对他们言听计从的“乖乖女”“小男孩”，会开始悖逆他们的想法，做出他们无法理解的行为。

如果在这个过程中，父母尝试去理解孩子，去选择和孩子进行平等对话，那么意味着，父母很可能从这个时候就开始放弃对孩子的全面控制。但这个阶段里，更多的孩子在试图通过叛逆的方式获得人格的独立时，遭到了父母的“暴力镇压”。

06

读大学，成了很多人摆脱父母控制最好的时期。

因为读大学会住校，很多人还会去外地。这将是多数子女在空间上，第一次和父母长时间、远距离地不在一起。这将给很多人更多独立的空间，你可以自由安排自己的学习生活，随意买自己喜欢的东西，干自己想干的事。这也是为什么民国时期，那么多知识分子一旦跑出去读了书，就会开始反抗家庭的原因。毕竟，人在外，父母之命可以不受。

这既是身心的一次大放松，也是自我控制的一次大考验，很多自律性不强的人，在脱离父母的控制后，弄出一个烂摊子，最后还是只能靠父母来收拾。

还有一种人，即使已经远离了父母，但也难以真正摆脱控制。比如，我大学里的那个女同学，父母一日三查岗，隔三岔五来搞实地考察，根本没有自己独立的空间。这样的人，要想摆脱父母的控制，只能等到毕业工作后了。

07

毕业工作，意味着人生第一次终于可以自己挣钱养活自己了。这是摆脱父母控制，最核心最重要最关键的方法。毕竟，没有经济的独立，何谈人格的独立。

我知道的一个互联网大V，当年一直想当作家，但每次都拗不过父母的意愿，选择了一条自己压根不喜欢的路。工作后，她按照父母的要求考了事业单位，工作几年后，她仍然无法放弃当初的梦想，决定辞职。

她带着工作几年的积蓄去了另外一座城市，准备给自己一段时间专门写东西，如果一段时间后，写东西养不活自己，那就老老实实回家工作。

结局很励志，她不仅靠写东西养活了自己，而且挣了远比在事业单位多得多的钱。

当她父母第一次见到她靠写作挣了那么多钱的时候，简直不敢相信，从此，再也没有干预过她的任何选择。

这一招对绝大多数父母都管用：如果你做的什么决定，让他们觉得难以接受，那就用结果告诉他们，你做的决定有多正确。

08

在经历这三个窗口期，并合理运用相应的手段后，基本上应该都能摆脱父母的控制了。

但如果错过了这3个最佳时期，甚至直到结婚后、自己的小孩都很大了，才突然有一天想要摆脱父母的控制，真的是太难了。多数人就只能通过经济独立、不回家的方式，从“物理上”脱离控制。但这样的做法，往往又会深深伤害与父母之间的感情。所以，最后的最后，我还有一条建议：

试着多去帮他们解决问题。

好的心情，才是人生最好的配置

人这一生，其实都是在和自己的性格、情绪打交道，时而斗争、时而妥协。所谓的每天都有好心情，要么是本性大大咧咧、乐天知足，要么就是学会了和自己的情绪正确相处，让情绪始终处于平稳或者积极的状态。

要改变一个人的性格太难了，所以老祖宗才喜欢说：江山易改，本性难移。比如我，从小性格非常敏感脆弱，不仅伤春悲秋，甚至感时落泪，中学和大学都曾经长时间地陷入过颓唐抑郁的状态中，久久走不出来。过去的 10 多年里，我看了很多书，更尝试了很多种方法手段，来试图改变自己的性格，折腾了多年但效果甚微，直到毕业后才明白：虽然性格很难改变，但情绪却可以调节，而且情绪对人的心理和行为的影响更为直接有效，所以与其痛不欲生地改变性格，不如退而求其次，学会如何与自己的情绪“打交道”。

现在我将自己这些年的经验写下来，希望对那些和我一样有着类似痛苦经历、因性格情绪吃过大亏的人，能有所帮助。这些年我在情绪处理方面的改变，大致经历了三个阶段：

第一个阶段：正视情绪。

前面说过，我是从大学毕业前夕，才开始真正正视自己情绪方面的问题。

而这些问题，都实实在在地反映在了我对待人和事的态度以及处理问题的结果上。

比如，面对别人的蓄意挑衅时冲动易怒，最终第一个做出过激行为，受到严厉责罚；面对自己毫无把握的机会时患得患失，眼睁睁看着机会流失而悔恨不已；太在意别人的一举一动，某人说的某一句话都能引起情绪的剧烈波动……

我曾经提到过，大学毕业后，我用了两个多月的时间，一点一滴地回忆我从中学时代开始走过的路，反思自己为何会一败再败，为何会一再陷入颓废、消沉的状态中。

除了性格的因素外，最终的原因全都指向了——情绪化。

情绪的激烈起伏，是比工作和学习更容易让人身心俱疲的东西，它会不断地消耗你的精力和意志，让你在许多重大关口上做出错误判断，更会让你在与人交往时进退失据。

但很可惜，许多人一辈子都没有去思考过这个问题，情绪一直都是说来就来、说走就走。来的时候，什么都不管、什么都不顾，等这段情绪过去了，又什么事情都没有，还反过来安慰别人："刚才我说的话（做的事儿），你别放心上啊，我这人就是性格比较急。”这在许多上了年纪的大妈大叔身上表现得非常明显。

如果不想一辈子做情绪的奴隶，而是能和情绪平等地对话，能从心所欲而不逾矩，那么，正视自己在情绪方面的问题，特别是能清醒意识到自己处于何种情绪中，是第一步。

第二个阶段：控制情绪。

现在的情绪研究，提供了许多关于情绪的理论，甚至从大脑神经科学的角度做了一些解释。

但很抱歉，这些理论目前并不能完美地解释情绪发生的机制和原理，所以也很难像医学那样提供十分精确的科学分析。情绪这种东西对我们而言，更多的时候就像是个神秘的“黑箱子”。

几年前，当我意识到自己在情绪方面的问题后，就开始研究和探索这个“黑箱子”，并且尝试用“黑箱”理论来解决我经常出现的极端情绪问题。

自然界中没有孤立的事物，任何事物间都是相互联系、相互作用的。所以，即使我们不清楚“黑箱”的内部结构，仅注意到它对于信息刺激做出如何的反应，注意到它的输入－输出关系，就可对它做出研究。

情绪也是这样，即使我们不清楚情绪产生的科学原理，但只要愿意去总结，就一定会发现能引起特定情绪变化的标志，然后对应地制定策略。

一方面是控制输入，特别是主动的输入。

我那时虽然不知道为什么情绪会很低落，但却知道自己在面对什么的时候情绪会低落。我曾经专门去思考和穷举了只要我去做就会引起情绪低落的事情，比如，听一些伤感的音乐、看一场悲情的电影、通宵后睡到次日黄昏、深夜里追忆过去的人和事、独自思考人生的意义等，一件件地写下来，然后有意识地回避。尽量不去听伤感的音乐，不去看悲情的电影，一旦发现自己沉浸在过去的回忆中立刻提醒自己，甚至放弃了诗歌写作。

同时，我会有意识地去发掘那些能给自己带来正能量的输入，比如，找时间在一张白纸上写下50件能让自己感到放松和快乐的事情，看电影更多地看《肖申克的救赎》《黄飞鸿》之类的“正输入”片，或者就是纯粹放松的爆米花大片，电脑里开始大量下载X-Ray Dog、Immediate、Hans zimmer之类的音乐，一边跑步一边听。打球后洗个澡窝在沙发上看书，和母亲一起逛公园、爬山，找要好的朋友喝茶聊天，周末轻松写意地试验一些新式的菜品等。

总之，就是下定决心，深入地分析和思考自己做什么样的事会产生什么样的情绪，尽量少做、少接触那些带来负面情绪的事情，多去尝试那些能给自己带来正能量的事情。

另一方面是控制输出，特别是被动的输出。

即使你再小心翼翼地控制输入端，但总会有一些突发的事件刺激产生强烈的情绪，对我们大多数人而言，这种强烈的情绪都是很难通过自己慢慢化解的，但通过何种方式宣泄出去，却会导致不同的结果。

比如，有本心灵鸡汤里写到，某个大人物在自己的房间里放了一盘沙子，每当自己愤怒的时候，会选择回到房间，使劲地去握沙子，握得越紧、沙子就流失得越快，在宣泄情绪的同时也提醒自己：愤怒对解决问题毫无帮助。嗯，我也曾在自己的房间里放了一盘沙。还有很多人提到过“遇事先睡一觉”“心情不好吃个火锅”之类的方法。

在这方面，我一直采用的是都江堰式的“泄洪法”，将本该暴涨决堤的“情绪”，通过各种支流（方式）慢慢疏导出去。不管情绪多么激烈，都尽量不当场、当面发泄出来。

几年前，父亲病重，下属趁我不在单位背后捅刀子，我真的是每天都身心俱疲。如果我没有在那之前刻意地去训练过如何控制情绪，很可能真的撑不下去。为了平复晚上回到家时低落浮躁的情绪，我每天都逼着自己做很长时间的运动，将所有的愤怒和悲伤发泄到跑步或者做俯卧撑上去，我有多愤怒就跑多远，一直到全身无力才停下来，然后洗澡睡觉，不去想任何其他问题。只执着于当下，事情一件一件地干，问题一个一个地处理。

后来的结果就是，到了年底我不仅完成了所有既定的工作任务，还在年会上拿了公司里所有能给我的荣誉。唯一的遗憾，大概就是我再如何努力，也没有留住父亲吧！

我之所以用这么长的篇幅来讲控制，是因为这是经我亲身实践后，非常有效的一种方法，当你尝试用控制输入和输出的方式来与情绪“对话”时，你才会发现，管理情绪其实并没有想象中的那么难，长时间养成习惯后，你的思维方式、行为模式都会发生很大的变化。

第三个阶段：解构情绪。

仅仅采用控制的方式来管理情绪是不够的，因为只要是“控制”就一定会有“失控”的可能，更重要的是，这种方式太过机械，非常依赖于你为控制情绪而创造的各种环境或采取的各种行为。

要想更深入地解决情绪方面的问题，我们需要更深入地去了解情绪。

虽然不能从物理（身体）的层面去完美地解释情绪产生、运行的所有原理，但当我们从原因、行为、结果去解构情绪的时候，你会发现你好像从当下正处的情绪中抽离出来，站在了一个旁观者的角度去观察。

我们解构自己情绪的过程，本质就是疏导排解情绪的一个高级过程。

当你因为某项工作遭到领导激烈的批评而愤怒难平甚至想当场翻脸的时候，试着去解构一下：首先，你要意识到你正处于愤怒的情绪中，这种情绪属于强烈情绪，在大脑处理问题时具有很高的优先权，换句话说，你很可能会在愤怒情绪的支配下做出你正常情况下绝不会做的事情，这后果很可能是你不能承受的；然后，去回头看看这个情绪产生的根源，是因为领导批评你？那么，领导为什么批评你？因为领导今天一早要一个稿件，你昨天加了一晚上班做修改，结果早上交得晚了。

所以，你的愤怒除了领导直接的批评，其实还包含了“加班加点，但领导并不认可”这层意思。你再深入地继续解构，领导之所以批评，恰好反映出对于这个稿件，他更看重“速度”而非“质量”，所以，根本的问题，可能在于你一开始就没明白领导的要求。这样解构下来，你会发现自己的愤怒毫无意义。

这样解构多了，你会发现绝大多数我们认为被动激发的情绪，其实都可以从自身找到根源。

情绪，是反映我们自身与外界关系的“温度计”。

解构情绪这种东西太虚了，基本上你明白就是明白，不明白就是不明白。

但当你每次产生较为激烈的情绪波动，都能合理地去解构的时候，你就很难再被情绪所左右，基本上，每天都能处于一种情绪平稳的稳定状态——而这，我认为才是真正能产生“好心情”的根源。

因为，我现在就处于这样的状态。

还有一个我心向往之但可能永远也做不到的阶段——自在。

大学里我曾经看了大量哲学和佛学的书，尤其对那些苦行僧的生活和思想非常好奇，难道真的像世俗里说的那样，他们这一生都在追求“成佛成仙，获得无上法力，摆脱六道轮回”这种虚无缥缈的东西吗？

后来慢慢醒悟，其实不管是成“佛”还是入“道”，代表的都是一种觉悟了的自在状态。用现代的语言来说，他们追求的本质，可能就是一种长期处于欣喜的精神状态。

你能想象一个人每天都处于一种无忧无虑、无恐无怖、无爱无欲，却又内心异常充实满足、欣喜自在的状态中吗？我想象不到。

这种状态太难了，你再有钱有权也没用，活在人世间就免不了要被各种各样的情绪左右和折磨，否则那些高官和富豪也不用排队去找这个大师、那个大师开解了。

有钱人的烦恼并不比我们少，只是丰厚的物质条件，让他们很多时候免于恐惧、焦虑等穷人经常会有的情绪困扰。但不代表他们不会遇到让他们愤怒、悲伤或焦虑的人和事。

而自在的阶段，就是无论环境如何变化、沧海如何变为桑田，都毫无挂碍，不以物喜，不以己悲。很多书里描述了一些得道高僧和修道隐士的状态，他们经历了多年的苦修和觉悟，不再有悲伤、痛苦、愤怒、恐惧、焦虑……这些折磨着绝大多数世人的情绪，在他们身上都像从未有过一样消失不见。这才是真正的“解脱”。

这也是佛被称为“觉者”的原因吧！

《礼记·大学》里有一句话：心正而后身修，身修而后家齐，家齐而后国治，国治而后天下平。

我们常说的“修身齐家治国平天下”的第一步，其实是“正心”。

有些话，你最好当面说

01

我有个哥们儿，高中时喜欢一个姑娘。

为了追求她，高考的时候，即使分数比那个姑娘高，也毅然决然地填了同一所学校。然后，作为“准大学校友”，两个人开始在 QQ 上聊天。聊了很长一段日子，哥们儿有天没忍住，在 QQ 上表白了。

姑娘沉默了很久，隔着屏幕，哥们儿不知道她在想着什么，是什么表情。过了一会儿，姑娘发了一条消息过来：虽然，我也有点喜欢你，但是真的很对不起，因为我答应过爸妈，大学毕业前都要专注学业，不谈恋爱。

就在哥们儿觉得生无可恋的时候，姑娘又打了这么一行字：但是我的心好痛，很难过，你知道吗，当我敲下这些字的时候，我的手都在颤抖，泪水打湿了键盘……就这一句“泪水打湿了键盘”，直接让我那哥们儿泪水淹没了键盘。

所以，虽然被拒绝了，他依然坚定地做了这个姑娘的男闺蜜、亲友团、蓝颜知己、专属民工、移动 POS 机……一直到大学里，发现这女孩谈了好几个男朋友，与此同时，备胎、千斤顶这样的虐狗名词开始风靡大江南北。哥们儿才醒悟过来，原来自己一直就是个备胎啊。

然后去百度上搜索了下“泪水打湿了键盘”，这就是哪个非主流 QQ 空间里的“忧伤签名”。所以说，他当年要是当面去表白的话，至少就能看到这姑娘是不是真的“泪水打湿了键盘”。

02

很多人一直都没弄明白，你折了一罐子的千纸鹤，其中有一只的翅膀上写了“我爱你”；愚人节那天，欲盖弥彰地在 QQ 留言：我喜欢你；写了一首藏头诗送给她，每句诗的第一个字连起来是“某某，愿意做我女朋友吗”；教会她打 DOTA，然后悄悄黑了她的电脑，把五杀暴走的声音换成了“某某，我想和你在一起”……

这些套路很浪漫，但那不是表白，那叫“试一把”。万一看到了呢？万一成了呢？万一暴走了呢……就跟你下班时，路过福利彩票店买了一张双色球一样。

知乎有人说得好：表白应该是最终胜利时的号角，而不应该是发起进攻的冲锋号。

最重要的是，不管最后的结果成不成，这种不敢当面去说的表白，也是非常低效的。因为你完全不知道，对方在看到你表白时到底是什么样的神态和表情。你不当面说，你怎么知道对方答应你的时候是芳心窃喜还是无可奈何呢？拒绝你的时候是充满遗憾还是一脸尴尬呢？

03

所以，你觉得我是要教大家如何表白吗？

当然不是，我今天要介绍的，其实是人际交往中一种很神秘、很深刻、很有用，但也很难运用好的心理学理论：情绪感知。来源于我看到的一些心理学方面的书籍。

心理学家戈尔曼博士通过大量的实验证明，对他人情绪的识别判断是一项非常重要的能力，这种能力是在情感的自我知觉基础上发展起来的，是一种非常重要的情绪感知力，即通过捕捉他人的语言、语调、语气、表情、手势、姿势等，快速地、设身处地地对他人的感受进行知觉的判断。

通俗地讲就是一句话：看到才能知道。

戈尔曼同时还指出——在通常的生活中，我们更多地关注的是他人的语言，然而根据研究发现，人们在交流、传达信息时，通过语言传达的信息只占 7%，绝大部分信息是通过表情、音调、肢体语言等表达的。

换句话说，在和人交流的时候，别人说了什么，只是很小的一部分，更多的内容可以通过面部、肢体或者“眼神暗示”“细微表情”“下意识动作”等变化来传递捕捉。这其实也是前两年流传甚广、神神秘秘的所谓“冷读术”“微表情”的理论基础。

从这个看似很深奥的心理学理论里，可以推出两条特别有用的沟通技巧：

（1）人和人交往时的直觉，有时候反映的其实是最真实的情况。

（2）越是重要的事情，越要当面去说。

04

先说第一个最明显的技巧，交往中直觉的重要性。

你有没有这样的体验：有时候你见到一个人，他很健谈，和你有很多话说，人也很开朗，特别没城府的样子，但不知道为何，你就是感觉和他隔了一层，就是感觉和他待在一起很难受。或者，你遇到一个特别“冷”的人，对谁都一副漠不关心、冷冰冰的样子，但不知道为什么你就是觉得他可以信任，内心是个很善良的人。

事实可能就是这样，你可能表面上并没有发现两人的交往有什么问题，但通过当面交流，你的情绪已经感知到了。所以，你现在知道为什么一定要有“面试”了吧。看简历写得再详细、再深入，有时候比不上见面的时候一聊，很可能一下子就能判断出他到底是不是你要找的人。

合理运用这个技巧，既能帮助我们在人际交往时，对“对方”

做出更科学准确的判断，也能帮助我们更好地给“对方”留下好的印象。

比如，你听一个人吹得天花乱坠，让你云里雾里，但回到家想起来就老觉得心里有点不踏实——这种情况，一定要提醒自己：这很可能是你的情绪感知能力在帮你的理智做判断。

还比如，我在参加宴会或者面试的时候，对“留下什么印象”的关注远大于“说了什么话”。

宴会和面试的时候，每个人都要接触那么多人，听那么多话，你说过的话很可能回头就忘了，但你表现出的举止、神态，你的小动作、你说话时的语气，却能形成更持久的印象。

05

再说第二个更重要的技巧，要学会当面沟通。现在交流方式太多样化了，微信、电话、邮件，很多时候很多事情我们都懒得当面去谈。

但对我而言，越是重要的事情，我越希望能当面沟通，因为，无论是电话还是邮件，对方都可以隐藏起自己最真实的想法，但面对面的时候，是很难掩饰自己真实想法的——尤其是你刻意去观察他话语之外的神态、动作、表情。正应了那句经典的话，“口头说啥不要紧，身体一定是诚实的”。

每年新来的员工，我都需要用很长时间去纠正他们喜欢发邮件，不喜欢打电话，更不喜欢当面说事的习惯。

他们一开始都以为我是在逼迫他们走出“工作舒适区”，但领悟力强一些的人，很快就能明白，这样沟通的高效、精准之处。

特别是面对一些反复纠缠的问题，往往几个人发几十封邮件扯来扯去也扯不清楚的时候，当面一谈，非常有助于你找到问题的真正症结，因为他很难在你面前隐藏真实的想法。

记住，对绝大多数人而言，当面拒绝、当面撒谎，都是一件非常困难的事情。

你现在明白为什么那些传奇的“推销之神”都特别推崇当面沟通，为什么企业里想听到员工真实想法要搞“一对一访谈”了吧。

所以，一些重要的话，能当面说的最好不要电话说，能电话说的最好不要邮件说，能自己说的最好不要让别人说。

这个世界上，有些重要的话之所以没有当面去说，有些是不敢，有些是不愿，还有些是不能。

如果你愿意去尝试，而又不知道如何着手的话，我教你下次回家的时候，去试着当面对父母说 6 个字：

谢谢你，我爱你。

不要听他们口头说什么“你脑子发烧啦？”“傻孩子”“谢什么谢”之类的话，或者装作没听见的样子。

注意看他们的表情、动作和神态。

不要哭。

Part 5

工作前 5 年，打造人生第一个黄金分割点

所有的奋斗
都是一种不甘平凡
s t r u g g l e

从大学开始，为高质量的生活做准备

在我看来，所谓有质量的大学生活，不一定非得要做出什么成绩，当过什么学生会干部或者是否是学生会主席，而是能很好地掌控自己，无论最后的结果是好是坏，都是自己大致知道和能接受的。而不是浑浑噩噩、混吃等喝，直到毕业季来临，才无奈地面对最后的结果。

简单的一句话就是，你要能对自己的大学生活负责，在你过完大学生活，即将毕业的时候，可以问问自己：

你是真正读了 4 年大学，还是只读了 1 年的大学，然后重复了 3 次？

01

上面的话说起来很简单，实际做起来很难。

因为这需要很强的内驱力，能做到这样的人，会知道自己每一步在做什么，知道什么时候该学习、什么时候该放松、什么时候该实习、什么时候该发表论文，以后到底是读研、出国还是工作……

然而，我们都知道，大学里这样的人是很少的，他们不是学霸就是大神，或者就是传奇。

关于这个问题，短短几个月的时间里，我竟在后台回复了上百封私信，很多大学生或者刚毕业的学生，所描述的最多、最主要的问题，归结起来就是两个字：迷茫。

“我想努力学习，但不知道该怎么下手”“我也知道天天玩游戏不好，但就是忍不住”“快毕业了，我对未来没有一点概念，不知道自己能不能找到工作”“我不喜欢现在的专业，不知道该怎么办”……类似这样的情况，太多了。

而出现这样的问题，在我看来，根本就是因为缺乏自控。

长期无意识地熬夜或者白天睡觉逃课，情绪低落或者易哭易怒，沉迷游戏或者影视剧，床铺凌乱、肥胖、拖延症等，这些都是极度缺乏自控后的失控表现。

看过一本书里曾提到，有一项研究，它对大学生的 30 多项品质进行了统计，发现其中绝大多数对学习成绩几乎没有影响。有的人外向，有的人内向，有的人幽默，有的人严肃，这些人学习的好坏纯属偶然。

真正能左右未来的品质只有一个：自控。

能管住自己，该上课的时候就去上课，该写作业的时候就写作业，多学习少看电视，这个品质就是学业成功的秘密。统计表明，想要预测一个学生的大学成绩，自控能力甚至是比智商和入学成绩更好的指标。更重要的是，这不仅影响成绩，还会影响个人形象气质、心态情绪甚至工作后的表现。

所以说，你之所以迷茫，是因为你缺乏自控，你之所以缺乏自控，是因为你不仅缺乏自控的能力，而且少有思考如何去提升自己这方面的能力。

02

值得庆幸的是，自控的能力并不是天生的，否则就不会有卧薪尝胆、悬梁刺股之类的故事了。提升自控能力有很多方法，光是这方面的畅销书就有很多。然而我们都知道，这没什么用，因为大多数人压根就做不到。

我还清晰记得，我们读大学那会儿最流行的书叫《读大学，究竟读什么》，这本书的作者是一个农村大学生，非常勤奋、自律，25 岁就成了 CEO。当时很激励我们，一群人每天把书放在枕边翻来覆去地看，甚至兴奋得睡不着觉，然而不到一学期就没人再谈论这本书了，该玩游戏的玩游戏，该逃课的逃课，该瞎扯淡的瞎扯淡，目之所见，对我身边的同学几乎没有起到任何实质性的作用。

因为，不是每个人都有那么强的自我驱动力。有许多人，学习是要靠老师吼的，起床是要靠家长催的，上课是要靠点到的，看书是要看心情的，写论文是要看截稿日期的……

即使偶尔因为刺激、鸡汤、打击、羞耻等原因奋起一段时间，过不了多久，就又恢复了原样，用我父亲的一句很俗的话说就是：鸡公屙屎，头节硬。

解决不了这个问题，说再多的要去考证、练习英语、学习软件、锻炼身体什么的，都没有用，因为根本做不到。

我很了解这样的感觉，因为我大学里也曾经颓废许久，直到大三快结束时才振作起来。后来工作生活走上正轨后，我曾反反复复地去回溯和思考那段颓废的日子，为什么就是不能像那些学霸们那样规律地生活学习？为什么就是没有长久奋斗的动力？为什么就是过得一塌糊涂？

思来想去，总结出了很多原因，其中最核心的三条就是：没有清晰的目标，这让自己没有努力的方向；没有正向的反馈，这让自己缺乏持续的动力；没有刻意锻炼意志力，这让自己惯于脆弱。

03

鸡汤熬得差不多了，下面开始给勺子。

第一条，建立靶向定位。

将自己日常所做的事情、行为与特定的目标联系起来，使自己始终处于奔向目标的途中。

而困难则在于如何建立目标，实现靶向定位。我自己的经验有两个：一是，目标要能被量化。凡是不可准确描述的目标，都是几乎不可能实现的目标。比如你很喜欢打游戏，也觉得自己打游戏有天赋，以后想当大神，靠游戏养活自己。然而什么是游戏大神？是参加职业战队、打个世界冠军，还是天梯打上 2000 分，要怎么练习？成为大神后，又如何养活自己，是打职业比赛，还是开淘宝店、做解说？打职业比赛，职业生命有多久，开淘宝店要怎么进货怎么运营，做解说要怎么入行、如何提高关注？自己要在什么年龄段做到哪一步？这些问题没有理清楚，就奔着做大神去没日没夜地打游戏，很难有出路。

二是，目标切不可太长远。动辄 5 年战略 3 年规划的，没有什么意义，目标太过长远太过艰难，会很快消磨掉你的斗志。如果想让自己的大学 4 年过得有意义，就先想想自己 4 年后要成为一个怎样的人，然后为自己找一个对标的人物，比如某学霸、某大神、某明星、某励志人物等，去研究他们现在所取得的成就，分析到底是哪些特质让你觉得你想要成为这样的人。然后，结合你现在的实际，将这些你目前所达不到的成就、特质进行逐一分解，切割成一个又一个的小目标。然后再向着这些目标去努力，你不一定要真的像他们一样，但只要向着这个方向在进步，你就一定能看到自己一点一点的改变。

第二条，建立及时反馈。

为什么工作时你会有动力，因为到月底就会发工资；为什么谈恋爱你会有动力，因为从暧昧表白到确立关系到牵手接吻乃至同床共枕，进一寸有进一寸的欢喜；为什么你能坚持打篮球、打游戏，因为每投进一个球或者赢了一把都会给你及时的正向反馈。

而许多人之所以定了目标也坚持不下去，问题就在于目标与最后的结果之间离得太远，这中间枯燥、烦琐而艰难的过程让你难以忍受，很难有持续下去的动力。

对此，我们可以在建立目标时，就有意识地去选择一些有明显及时反馈的目标，比如健身，基本上你只要坚持每天完成固定动作，几乎每天都能看到肌肉线条的生长；又比如开微信公众号、知乎答题，只要有人阅读、点赞数增加，就能激励你不断地去写东西。所以，对个人意志力不强的人，强烈不建议定一些枯燥无味的目标，你会自己打败自己的。

另外，还可以尝试利用外部力量进行反馈，比如喜欢读书的加入读书会或者考研时和考友成立小团队，互相了解进度、交流心得。更直接也更有效的，则是直接经济激励，金钱对绝大多数大学生而言，都是行动的最大动力，但我不推荐室友、母子、情侣之间采取诸如“谁达不到目标就给钱”或谁“达到目标就奖励钱”的方式，亲测效果甚微。对于那些对大多数事情都坚持不下去，也觉得大学里学不到什么东西的人，我会建议你开动大脑，或利用学校的平台，以需求和服务为基础，做点小生意，或早一点兼职实习。你会发现，那些大学里为了挣钱而折腾的学生，往往会更有自律性，也更有执行和行动意志。

第三条，刻意锻炼意志力。

当你做好前两条之后，应该就能初步摆脱一塌糊涂的迷茫生活了。这时候如果想让自己更进一步，能定下并完成更艰难更长远的目标，实现人生的逆袭，根本上就要从终极动力入手了，那就是意志力。

现代的科学研究，对意志力的定义、作用以及控制机制等已经有了很多结论，其中我认为最有启发性和实用性的是这两条：一是，意志力是一种有限的资源。在一段时间里，你在这里用得多了，在别的地方就会少了。我印象最深的是，我在大三奋起努力的时候，曾想过“毕其功于一役”，全方位纠正自己，比如既要坚持每天上晚自习，上自习的时候还要时刻去纠正坐姿，做笔记的时候还要变以往的随意为一笔一画、一丝不苟，后来发现几乎难以忍受，最后只选择最重要的那条——坚持上自习。好钢用在刀刃上，意志力也应该用在最关键的地方，而不是轻易地在对抗一些无关紧要的事情上耗尽，因为，你的意志力很有限。

二是，意志力是能够锻炼提高的。我们可以从最简单的开始，比如保持情绪的乐观稳定和充足的睡眠。但更关键的是，要“常立志”而不是“立长志”，这是与我们传统观点相悖的一个思路，但事实上，对于意志力原本就不强的人而言，立长志往往坚持不了，这种失败对意志力是更大的打击；而选择一些日常事务“常立志”，不断建立“我可以做到”“我能够克服”的成就感，可以对自己的意志力更有信心和把握。比如可以尝试一下“今天晚上12点前关电脑睡觉”“下周一，我选择6点钟起床”“就这个想法我要写一篇文章”，经常给自己这样的成功暗示，会帮助锻炼意志能力。

以上说了那么多，很有可能对正在读大学的你而言，也就是持续一晚上的激励。

不过没关系，如果以上你都做不到，那不如彻彻底底放松下来，以自己喜欢的方式过完大学的 4 年，你可以尽情玩耍、谈恋爱、游戏，甚至颓废。

当你大学毕业后，还是会有奋起的可能。

因为，你即将面临的工作会逼着你不断地去适应。很多人都是这样，大学里以为自己什么都不会做，一出社会发现自己什么都会做，在学校里那是因为每个月你什么都不用干也有人给你定期发钱，所以啥事都不做——出学校后，为了吃饭，你就会发现让你干吗你就得干吗。

但到了那个时候，请不要再说：自己当年如何如何优秀，我之所以没有成功只是没有去做而已，那个某某有什么了不起之类的话。

这个世界上，到处都是比你天赋更好、比你更加优秀、比你更加勇于尝试而又更加努力的人。

除了你自己，谁也不会为你的失败埋单。

让5年后的自己，感激今天所做的一切

做什么不重要，重要的是去做。

去年冬天里的一天，单位组织了一个培训会议。在会上，我遇到了某分公司的“传奇人物”——一个35岁左右的女同事。

中午休息的时候，我和她沿着单位楼下的绿道散步，一路上她都在念叨着单位里加班太多、小孩老是生病还没人带、收入提高太慢、学区房如何解决……我则感叹一年过得好快，转眼又到年底，忙得不可开交。

就听她重重地叹了一口气说：“岂止一年过得好快，5年、10年也一样过得很快啊，10年前我才刚刚研究生毕业，转眼自己的小孩都快上小学了。”

“这说明你过得充实啊，如果每天都无所事事，才会觉得度日如年。”我安慰她道。

“是很充实，但就是不知道自己都干了些什么。我20多岁的时候，可从来没有想过我30多岁的时候会是现在这个样子啊！”

我突然找不到可以安慰她的话。

因为这么多年来，她一直顶着一个光环——10 多年前，她曾经是某省的高考理科状元。一个省的理科状元，当年该是多么的意气风发、耀眼夺目啊！ 10 多年过去了，她成了单位里普通的部门副手。

而这样的中层领导，别说全国、全北京，在任何单位内部都比比皆是。与此同时，30 岁后，事业、小孩、健康……各种压力铺天盖地而来，她只能疲于应对，当年站在高考巅峰上，俯视众生时那些气吞山河的理想壮志一不小心都成了镜中花、水中月。

我当时很感慨：一个 18 岁的时候成为省高考状元，22 岁名校本科毕业、24 岁研究生毕业，然后进入一家大央企的人，都不免这样为生活所困，抱怨“30 多岁的生活不是 20 多岁时想的那样”，更何况像我这样基础远远不如她的人呢？

生活就像一个巨大的陷阱，会不断吞噬人的梦想和期待。

事实上，这个世界上有能力突破各种束缚，达到自己理想生活的人一定是少数，绝大部分人都会按部就班、日复一日，然后不出所料地在 30 岁以后，陷入生活的“陷阱”之中。

换句话说，30 岁以后为生活所累是群体惯性，是社会趋势。就像《三体》里写到的一样，高维空间一定会向低维空间跌落。

从 20 多岁进入社会开始，就已经开始了这样的“跌落”过程。如果什么都不做，那么 5 年后，等待你的一定是那个“从来没有想过会是这个样子”。

所谓的“异想天开”就是每天重复同样的事情，却期望有一天得到不同的结果。

25岁的时候整天沉迷在游戏、小说、影视剧中，每天上班就是完成任务，下班到家匆匆叫个外卖，与大学时没有任何区别，就别指望5年后能比大学毕业前的你更加自信、更加有成就。

所以，要想在30岁的时候感激你现在的努力，那么一定要做出改变。

你不仅要去做，而且还要针对“滑落的趋势”反向用力，从5年后你可能面临的“陷阱”倒推你现在去做的事情。

比如，30岁以后面临的经济压力会更大，所以现在一定要理财；30岁以后身体会变差，所以现在一定要健身，等等。这些年里，我把这些有助于你对抗“滑落趋势”，甚至跳出生活陷阱、实现自由的反向力，归结为10个要点：

1. 学习力：保持学习的状态。30岁以后，人对学习的欲望、精力都会像过山车一样陡然下降，所以最好的学习时间就是现在。进入社会，你将会重新发现学习的意义：需要和人打交道，所以去学习沟通的艺术；要操刀自媒体，所以去学媒体运营；在办公室工作，所以去学写文章、学摄影；经常出国，所以开始正视英语等。这时候的学习，将会比之前更“功利”，可以利用碎片化阅读、网络教学、专项培训之类的渠道和手段，让自己始终处在“充电”的状态中。

2. 社交力：建立有效的社交。许多研究“贫富差距”的书都得出了一致的观点：与穷人相比，富人的社交圈更广泛，而与我们常规认为所不同的是，这样的社交圈不是等你“富起来”后才开始建立，而是在这个过程中去不断充实的。要做到这样，就必须开始减少“烧烤摊上吹吹牛”“网上瞎扯一晚上”之类的低效社交，开始学会通过工作关系、已有社交渠道，去拓展新的社交圈。

3. 健康力：保持健康的生活。人的各项身体机能在 20 多岁都将达到巅峰，从此以后就开始走下坡路，如果不加注意，等到 5 年过去，即使你已经获得了工作上的成绩，但那时的你头发半秃、大腹便便、脸色蜡黄、肠胃紊乱……30 岁以后面对的机会更多，未来还有那么多年，你拿什么去拼？健康生活的核心其实是平衡，当你从作息到饮食到锻炼建立一整套的规律习惯，可以让你花最少的精力，得到最佳的健康状态。

4. 经济力：从零开始学理财。学习理财的意义，不是让你去投资，而是建立起财务“收支”的概念。许多人最大的问题不是挣得少或者花得多，而是不知道挣的钱是怎么花出去的，从做好每月收支记录开始，看看自己到底都挣了多少钱、花了多少钱、存了多少钱。请记住，对所有收入不高的人而言，最好的理财方式都是存钱。

5. 亲情力：现在就关爱父母。许多在外打拼的年轻人往往会产生这样的心态：我现在没有时间去管父母，但等到有一天我发达了，就会都补回来。事实上，30 岁以后，你的父母将真正步入老年，面临健康、养老等一系列问题，有一些甚至还等不到你“发达”的那一天，就会提前离你而去或者“忘记你”。一个人在城市里打拼，更应该经常打电话向他们报平安，学会理解他们的担心、絮叨、迟钝，从自己的收入中拿出一部分为父母购买保险，让父母每年做一次体检，偶尔也带他们出去走一走，趁着还能动爬爬山、看看海。父母永远是你在外奋斗最强有力的后盾。

6. 情绪力：学会和情绪打交道。这也是困扰很多人的问题，特别是一些负面的情绪，如易怒、抑郁、悲伤、嫉妒等，会很大程度上影响到一个人的行为和选择。要想不做情绪的奴隶，就一定要在 20 多岁的时候开始关注自己的情绪，学会如何调节负面情绪，如何有意制造积极情绪，让自己始终处在健康正向的情绪中。

7. 执行力：向拖延症宣战。拖延的本质是对抗，是对你当前行动的一种消极回避。关于如何对抗拖延，已经有很多方法了，但对我而言最有用的只有一个：建立并分解目标。你只有给自己定下“28 岁前要读个在职研究生”之类的计划，才能倒推出你“26 岁的时候应该去参加考试”，再倒推出你应该在“几月的时候关注考试信息，几月开始准备复习备考等”。给自己定下目标，并分解它，可以让你无从逃避，因为哪里都是“deadline”。

8. 兴趣力：坚持几个长期兴趣。小时候我们都会有很多的兴趣爱好，但并非每个都能长久坚持下去，特别是工作以后。但完全没有兴趣爱好的人生该是多么乏味啊，在忙碌的工作后，和朋友一起唱唱歌、打打球，完全沉浸在另一项能吸引你全身心投入的活动中，其实最有助于缓解工作疲劳。更重要的是，有些坚持下来的兴趣，在某些条件下，一不小心可能就成为改变你命运的副业。

9. 形象力：重塑个人形象。25 岁到 30 岁，这可能是你最后一次改变形象的机会了，因为这个时候的你开始具有一些经济实力，能根据自己的需求从服装、护肤到化妆、发型等全方位地改变个人形象。这 5 年里，在工作之外，也应该更加关注自己外在的形象，等到 5 年后，很可能那些很久没见到你的人，都会惊讶地来一句：呀，你怎么变成这样了？

10. 革新力：学会放弃和遗忘。这对 20 多岁的人而言，是一种非常重要的能力。当你背负的东西太多后，是没办法继续轻装前行的。有些东西就是要放弃和遗忘的，比如，年少时百转千回的感情、分道扬镳的友谊，或者像大学里死都过不去的高数、挂科时的难堪……这些你曾经以为会影响你一辈子的东西，其实并没有你想象中的那么重要。该忘就忘了吧，还有更重要的事情等着你去做，不腾空过去的回忆，就装不下新的故事。

在写完这篇文章的时候，我还有一年就将 30 岁。

当我回头去看的时候，因为 25 岁的时候没有明确的目标，更没有人来告诉我究竟该怎么做，所以，大量的时间仍然消耗在了无聊的电影、小说或者游戏中。

但因为那时的我已经开始了自我反省，并通过大量的阅读，还是为自己找到了不少坚持到现在的事情，比如坚持学习、关爱父母、锻炼身体等，而这些坚持下来的东西，也确实对我现在的工作生活起到了很好的帮助作用。

上面所列的 10 个要点，都是实实在在可以去做并能带来改变的事情。

我不会写什么“记得出发时的梦想”“不忘初心”“有一段刻骨铭心的爱情”之类的东西，虽然那样写会更打动人。

但那样的东西，应该是更年轻的时候该去想和做的。

25 岁是人生黄金 10 年的第一个起步阶段，这个阶段里，社会慢慢将人分向不同的阶层，你会慢慢发现自己和同龄人的差距拉大。

错过了这一阶段，后面的机会就更少了，要想改变自己所处的境遇就需要更多的幸运和努力——相信我，绝大部分人如果一开始做不到，那么现在依然是做不到的。

所以这个年龄段，你需要的不是喊几句口号、说一些似是而非的话，然后依然不知道该干什么。而是要头脑清醒地想明白自己该干什么，然后脚踏实地一件件去做好，并在此过程中，不断寻求机会和突破。

希望到 30 多岁的时候，你会对现在的自己充满感恩。

因为你做出了改变。

工作前 5 年，培养与别人拉开差距的学习能力

大学毕业五六年，同学里许多当年专业上很“二把刀”的人，都感觉好像找对了自己的路，搞出了名堂，尤其是刚哥和彪哥。

我们大学的专业是中文，刚哥和彪哥都属于高考专业没填好，被调剂过来的，对中文毫无兴趣，专业课烂得一塌糊涂。

刚哥大二开始，就去了另一所大学辅修会计双学位，每天没事儿就在宿舍里抱着几本经济学的书自己啃。

大学毕业后，刚哥把毕业证扔在宿舍，用双学位的证书去找工作。一个 985 高校中文系的学生拿着另一所普通高校会计学的辅修证书，执着地要找一个财务类的工作，这阵势把许多公司的 HR 都震惊到了。或许被刚哥这股“中二”精神所感动，他最后被一家汽车企业招进了财务部门。

我们原本以为刚哥到这里就差不多该消停了，再过几年可能也要存钱买房、结婚，成为那个企业里一名优秀的财务人员。

没想到，刚哥却一发不可收拾。他考过了 CPA。然后考过了

CFA，一级，二级，三级。我当时听说，CFA 三级的人在市场上的年薪不会低于 40 万。我们都觉得他差不多了，一个中文系的学生做到了多少经管学院的学生都做不到的事情啊。

但刚哥不这么想。今年，他辞职了，用工作几年的积蓄去复旦读 MBA 去了。这是想要逆天啊。

彪哥更神奇。

和刚哥一样，彪哥对文学、诗歌类的东西也没有兴趣，但和刚哥不同的是，他大学里对别的东西也没啥兴趣。为了打发时间，只好锻炼和保养自己，每天都在楼道里做广播体操。

他会做好几套不同的广播体操，每天上、下午各做一遍，每顿饭后都要坚持用洗面奶清洁脸上每一个毛孔，每天晚上 9 点钟就上床睡觉。因为他的行为太奇葩，我们一直都把他当成《挪威的森林》里的“敢死队”来看待。

等到大学毕业的时候，彪哥因为专业课一般又不搞学生活动，成功地在校园招聘环节，没有找到工作。这也容易理解，毕竟一身白白嫩嫩的肉也不能当饭吃。

等到大家都离开了学校，彪哥没办法只好决定待业 1 年，好好考个研。然而，因为专业课太差，他再一次毫无悬念地没有考上。

这时候的彪哥已经不得不出去找工作了，但待业了 1 年，他更没有什么找工作的本钱了。找来找去，去了一家很小的中学生培训机构应聘，准备当个培训老师。

老板亲自招人，看了看他 985 大学中文专业的简历，问他：你是来应聘语文老师的吗？

彪哥一脸痛苦：不是，我不想教语文。

老板笑了：你一个学中文的不当语文老师，那你想教什么？

彪哥想了想说：要不数学吧，我高中时还挺喜欢的。

老板随手抽出 1 张高三数学试卷对彪哥说：你现在做，就在这儿做，能拿 140 分以上，我们就要你。

于是在时隔 5 年后，彪哥再一次打开了一张高中数学试卷，然后，闻到了一股初恋的味道。

最后的结果，121 分。

彪哥都准备收拾东西走人了，老板反而笑着叫住他：虽然没到 140 分，但你一个学中文的还能到 120 分，已经比我想象的好多了，我们最近正在对新老师培训，你来试试，培训结束能通过就留下，不行就算了。

培训时间是 1 周，彪哥每天都要做近 10 张高考数学试卷，等到培训结束的时候，他基本上每次都能做到满分了。于是，彪哥去了这家小小的培训机构做了数学培训老师，专攻高三数学。然后，跳了几次槽，他现在已经是一家知名培训机构的高中数学培训名师了。

这两人都是我的同学，真人真事。

从专业课的角度来讲，这两人的学习乏善可陈，整个大学期间我都没见过这两人有什么“强大”的学习能力；但在找到他们真正感兴趣和擅长的领域后，在我们所没有关注的角落，他们却默默地爆发出了惊人的学习潜力。

你们很难想象，当我第一次听说刚哥考过了 CFA 三级，辞职去读 MBA；彪哥完全放弃了中文专业，成了中学培训圈里很有名的数学老师时，有多震惊。

直觉告诉我，他们俩的故事很可能揭示了一个真相：我们长久以来关于学习的许多看法和观点，即使不是错的，也至少是不准确的。

这才是我最想说的东西。

这两年，我的同学和朋友圈里有一个趋势越来越明显：那些从小好好读书，考上好大学，毕业跟风进了大国企、知名外企的人，越来越感到后继乏力。

他们从来也不乏学习的能力，学什么都很快，做什么都能做得还不错，所以在工作后的前 5 年，无论是社会认可度还是收入，一路领跑。

但在工作 5 年后，不少在学生阶段表现并不突出的人，却越来越后来居上，弯道超越。

这些后来居上的人，大部分都拥有两个特质：要么就是有一技之长，要么就是在自己感兴趣并且擅长的领域里全身心地耕耘。

受限于我们的家庭和教育，从小到大我们一直都这样：不管喜不喜欢、擅不擅长，都得要以那些“学习能力强”的人为标杆，你考不过他，就是不行；但社会并不是这样，你完全不用管另一个领域里别人有多能学、有多能考试、有多传奇。你只要专注把自己所在的领域做好，成就未见得就比他们小。

除了刚哥和彪哥，还有个女生也很典型。

她从小虽然成绩很好，却喜欢追星和八卦，大学里保持专业成绩年级前三的同时，还是多个明星后援会的会长。

研究生毕业后，她并没有选择她完全够得着、看起来更高大上的工作，而是执着地去了一家娱乐周刊。在那里，她把自己八卦的精神发挥到了极致，工作之余还在给多家杂志写稿子，在自己的微信公众号上写八卦。一点一点地做起。

现在，她的微信公众号关注数应该已经达几十万，很多文章一出来就被各种媒体转载。我现在看到她写的这些文章和文章下动辄 10 万+的阅读量，简直惊呆了！

而这就是专注的结果。

要相信，你看到的别人身上那些金光闪闪的考试成绩、证书、学习经历，并没有你想象中的那么了不起。

所谓的学习能力强，不是要做到学什么都强。

而是，把自己强的那一部分学得更好。

意志、勤奋、得法、机遇：成功的四要素

在我的青春里，有两个男人占据了很重要的位置，一个叫王后雄，一个叫任汝分，其中，任汝分老师讲过一个成功的四要素，我至今仍记得很清楚，那就是：机遇、得法、勤奋、意志。

他认为，对于成功来说，机遇是最重要的，然后是掌握正确的方法，再然后要勤奋，同时，要有坚定的意志。可是，按照我和我身边诸多逆袭同学的经验，我认为，他只说对了一半的一半。

这四个因素确实对成功而言极其重要，但对绝大多数家境不好的人而言，其重要性的排序却恰恰相反，而且，他的四要素忽略了一个至关重要的要素，一个可以以一敌四的要素。

那个至关重要的要素我们稍后再谈，先说下排序。按照重要性来说，更好的排序应该是：意志、勤奋、得法、机遇。

01

不要高估“拼二代”的意志力

作为从农村走出来的穷学生，我们都是需要拼命的二代，可惜从我大学时身边的例子来说，许多最需要努力奋斗的穷学生，反而是最喜欢浪费时间同时又最纠结的人。记得国外曾有过一个理论，统计发现“穷人更喜欢把时间浪费在肥皂剧、无聊的节目上等”。我相信，网络上铺天盖地的“为什么明明知道要努力，偏偏不想动”“为什么不想好好工作”之类的问题许多可能都是由家境一般的人提的。所以，第一件事，请先问问自己，想要成功的毅力到底有多强，会不会工作一段时间发现没有起色，就越来越没有动力？当你越努力，离自己的梦想反而越来越远的时候，会不会就那么放弃？

不用告诉我答案，我只是告诉你，以上都是有可能的。因为起点太低，逆袭的道路可能会异常艰辛，如果没有足够强的意志力，最有可能的结果就是陷入日常无聊的生活中。锻炼和保持意志力的方法有很多，也有很多很有效，比如，保持充足的睡眠、合理分配你的时间等，但核心的核心，是你必须要去关注这件事情，去找到你的“为什么而努力”，去积累奋斗的第一股动力。

02

勤奋是个老办法

要想成功当然需要勤奋，可惜勤奋并不是成功的必然因素。那我们为什么还要勤奋？因为，我们没有其他任何可以依靠的东西了。

华为的“教父”任正非曾经这样评价过华为：华为没有什么稀缺资源可以依赖，唯有艰苦奋斗才能赢得客户的尊重。时至今日，华为已经是全球五百强，是通信行业里最大的企业。

所以，当没有资本、没有人脉、没有机遇，什么都没有的时候，那就回到老办法——勤奋。

工作中，别怕比别人多干活。下班后，别吝啬多学几样东西。什么东西不会，就不要不好意思去问。什么东西做不好，就多做几遍把它做好……一点一滴地积累，可以为你以后的发展提供许多帮助。成功不是买彩票，全中国 13 亿人，你要达到中间阶层，不是超越了一半的人，而是，超越了 90% 的人。

人类社会从来不是矩形，上中下都一样，除了一些发达国家是纺锤形外，多数发展中国家都是金字塔形，你要想从塔底走到塔尖，那是要真刀真枪去拼的，对这而言，勤奋虽然不是成功的必然因素，却是必要的条件。

03

学会不断改善

什么叫得法，很多人认为就是捷径——“要怎么样才能最快、最简单、最轻松、最省力地逆袭？”这不是成功学是什么？

凡是告诉你有这样一条捷径的，就是成功学。而我认为，真正得法的人，就是能不断改变自己的想法和做法，去不断适应新的情况，不断改善的人。

你给自己定了一个目标，在过程中，你应该持续地去关注、思考和总结自己的行为，当你发现还有更好的方法的时候，请随时做好改变的准备。

别用战术上的勤奋掩饰战略上的懒惰，这是小米雷军的名言。

04

机遇只出现在临界点上

现在遇到很多人，动不动就跟我说，人生最重要的是机遇，否则怎么努力都没用；我就是没有遇到好的机遇，否则怎样怎样……

借用知乎的一句名言：以多数人的意志力之薄弱、努力程度之低、所用方法之拙劣，轮不到机遇来找到他们，或者机遇到了面前，也一样抓不住。

机遇这种东西，不是你说来就能来的东西。在没来的时候，你永远也不知道它什么时候降临；等来的时候，如果你自身根本就没有能力抓住，也只能眼睁睁地看着它流逝。

而相反的是，如果你已经有了很多积累和准备，即使这个机遇你没有抓住，当别的机遇来的时候你一样能赶上，甚至，在你奋斗的过程中，就已经为自己创造了机遇。

上面写的这些，只能算是理解成功要素的方法论，远不是具体的方法，因为我根本就不相信，有什么具体到手把手可以教你的方法，能让你一定成功。套用一句老话：有多少捷径，就有多少谬误。

下面，我再说一个超越方法论的东西，希望能给大家一些启发。

我同学里，有不少可以算是初步成功的例子，他们从偏远的大山、人迹罕至的乡村中走出来，读大学要走绿色通道，从未进过电影院、不敢谈恋爱、没吃过西餐，毕业后还得还助学贷款。但经过这些年的发展，现在已纷纷在城市里安定下来，有的买下房子、将面朝黄土背朝天的父母接到城里来住了住，有的结婚生子，有了新的希望，虽然生活依然艰辛，房贷、车贷、养老、孩子、就医……这些困扰一个也不少，却已经初步摆脱了父辈们的贫困，在可以想见的未来，他们未必不会更加成功，成为这个社会稳定的中间阶层，到那个时候，可能谁也不会知道他们本来的样子了；而至于他们的下一代，则再也不用在网络上问出“如何才能避免进入父辈的穷循环”之类的问题了。

帮助他们摆脱贫困的代际传承，实现逆袭的原因，其实很简单——努力读书，考上好大学，找个好工作，再然后找个和自己一起奋斗的另一半，短则三五年，长则十来年，命运就已然改变。

所以，你以为我要告诉你“只要好好读书就能改变命运”，顺便宣扬“万般皆下品，唯有读书高”吗？

显然不是，我要说的，是一个被很多人忽略却最不应该被忽略的成功要素，那就是——政策，只要你生在中国、长在中国，就一定会受影响的东西。我的这些同学们，之所以能有所改变，最根本的因素其实是现行的高考政策，通过这个目前相对最为公平的政策，他们才有可能走出来，放到历史上的许多时代，他们要想改变父辈的贫穷，是几乎没有机会的。

我一个游戏行业的同学，曾有一段时间忧心忡忡，虽然公司发展很好，却依然打消不了他的焦虑。那段时间，绿坝、电击教授、玩游戏猝死……社会上关于“游戏害人”的批评不绝于耳，国家随时有可能一纸决定，让整个游戏行业陷入末日。那段时间，他说得最多的话就是：能做一天是一天，谁知道什么时候就不让做游戏了。但现在再去看看呢？

再比如1998年，国家决定停止实行了40多年的实物分配福利房的做法，而几乎同时，人民银行颁布了《个人住房贷款管理办法》，那些有足够敏锐嗅觉的人，跟上政策的风向，投资房地产，成了现在的大佬。至少，也提前买了房。

这就是我要说的至关重要的因素，你的父辈受限于当年的户籍政策，受限于自身的教育，受限于当年的信息传播手段，在政策面前只能被动应对，如同暴风雨中断线的风筝；而你不同，你受过正规的教育，你可以通过网络了解到许多信息，随着阅历增长，甚至可以分析政策的倾向。

你走出校园，可以没有任何资本、没有任何依靠，但当前国家政策和社会大环境的稳定，就已经是你超出父辈们的地方了，请勿忽视这一要素。

如果在奋斗的过程中，能保持敏锐的状态，真的抓到了政策的关键点，很可能就真的超越你的同龄人，很快跻身成功人士行列。

你之所以过不好，正因为懂得太多大道理

01

几年前我住在奥林匹克公园附近，每天坐地铁上下班。

上班的时候还好，下班就很崩溃了。每天从起点站出发，车停到中间的换乘站时，简直就是一场灾难。

乌泱乌泱全是人，许多站得靠前的人勉强才能挤上车来，在门口被挤得像一张照片，用新闻里的话说就是“挤得一点尊严都没有”，而那些排在后面的人可能要等两三趟车才能挤上来。

有一次，车停在换乘站的时候，我透过车窗看了下外面，车门口满满当当挤满了人，而对面反方向开的车门口，只站着寥寥几个人。

我就好奇地想：为什么那些站在后面等车的人，不到对面上车，往前坐一站，避开换乘站人最多的一站？

这样既不耽误上车时间，还能在车上占个好一点的位置，不至于在门口挤成一团。

于是，我专门找一天的下班点，从换乘站挤下车，到对面去坐了反方向的地铁，然后在前一站重新上了车。

等车再到换乘站的时候，我看了下时间，一共也就花了几分钟。而我刚才那一站下车时看到的那些排在后面的人，依然还没有挤上车。

所以，你以为我是想说“很多人虽然听过很多道理，却不懂得去打破常规思考”吗？

然而并不完全是。

02

打破思维定式，这是我们这些年里最喜欢谈论的“思维鸡汤”了。

确实，生活中我们听到的许多道理，其实都是“有道理的废话”，比如，会分享的人才快乐、微笑的人运气一般都比较好……很少有人在听到这些道理时，能跳出这些定式来思考。

再比如，刚才说的坐地铁，如果你询问一个常在换乘站上车的人，他可能告诉你一些关于在换乘站上车的道理——如何抢位置、如何挤上车、如何避免被下车的人挤出来……

“要努力，要把握好时机，最重要的是要有耐心，要坚信总有一趟车能让你挤上去”——这是他总结的“换乘站乘车方法”。这样的道理就属于“思维定式”类的道理，绝大部分人听了等于没听，懂了等于没懂。

只有一部分人会去想，其实解决的方法很简单：往前倒着坐一站，从人少的站上车。就像某个故事里说的那样：有台很昂贵的机器，其中一个零件总是出毛病，用了很多办法都只能管一时，过段时间总是又坏了。后来有人提议：是不是可以去掉那个零件？等去掉后发现，那真的是个多余的零件。

很多时候，我们需要的是一个能醍醐灌顶、打破你常规思维的道理。

然而，我又多想了一层：每天在地铁换乘站上下车的人那么多，往前多坐一站这么简单的道理，不可能没人想到啊。只要每天上下车的几万人里，有 10% 的人想到了，告知了身边的人，那它的上一站也应该人满为患了，但明显没有。

唯一的解释就是知易行难，“许多人懂得很多道理，但是不去做”。

如果知道一个东西离学会一个东西差十万八千里的话，那么学会一个东西离能合理有效地使用它，差了可能有 1 光年。

所以，你以为我想说的是这个吗？

是，但也不完全是。

03

我又想了一层：每天换乘站上下那么多人，很多人可能都知道往前坐一站会好一点，那为什么大家不去试试呢？难道是因为大家执行力都不强？都是不喜欢行动的人？都是“思考上的巨人，行动上的矮子”？那为什么每次挤地铁时行动力那么强，在地铁上抢位置时那么积极呢？

再延伸一点来说，为什么同样和乘车有关，诸如“怎么抢票”“退票时如何通过改签节约退票费”这样的道理，几乎所有人知道了都愿意去尝试，不知道的，也会拼命在网上搜攻略？

其实，说白了，还是因为收益问题。

你常常在换乘站挤地铁，虽然你知道可能往前坐一站就不用那么挤，甚至还能早一点上车，但也懒得去做。这个道理你听说了，去行动了，给你带来的收益也太小了，最多也就节约一两分钟，让你挤上车没那么痛苦，并没有“本质上的区别”，远远达不到吸引你去尝试的地步。

我们真正期待听到的其实是那些看似能带来重大改变的“大道理”。

04

我们常常期待着，自己今天听到一个终极道理，几天或者几个月后就能对自己的人生造成根本性改变。否则，我们懒得去听，听到了也宁愿不去行动。我觉得，这才是我们每个普通人真正面临的问题。

我们的生活太平凡了，我们太期待那些能改变人生、改变命运、改变世界的“终极道理”“终极法则”了。期待到，现在有人要写书，书名里不加一个“世界”或者“人生”，出版社都不同意（我成功地黑了一次自己）。

问题在于，绝大多数这样的大道理都是很难立马见效的，能带给你实实在在效果的大部分都是像我上面举的“如何避开高峰期乘车”之类的小道理。更重要的是，那些大道理很多根本没法执行。它们只是看起来很有道理，你压根没法去验证。

比如：

（1）不要害怕暴露实力，你的撒手锏总有一天会被时代抛弃。

（2）自我坦诚，是这世上最锋利的武器。一就是一，二就是二，问心无愧，你就赢了。

（3）世界不以你为中心，你要以自己为中心，做人要有立场，切忌失去自我。

……

我很好奇，这样的道理有谁能去真的执行？

我们真正需要的，是在生活里去收集、去发现类似于“如何与人相处”“怎么当众演讲”“如何保持好心情”之类的小道理，自己去验证、去尝试。我一直相信，只有从自己的经历中总结出来或者经过自己尝试后的“小道理”，才是真正对自己有用的道理。

如果你觉得这样的道理，收益太小不值得尝试，那就试着自己给它加一点“收益”，也就是我曾多次提到的，要在面向目标行动的过程中，建立正向反馈。

勿以道理大而盲信，勿以道理小而不为。

毕业后打算从事文字方面的工作，需要准备些什么

我从毕业开始，便一直从事文字工作，因此也有很多朋友咨询我关于文字工作方面的问题，尤其是很多面临毕业的学弟学妹。

这里要说明的是文字工作并不是只有写小说、写网文这一条路，先不说记者、编辑这些专业的文字从业者了，就光是企业机关里的策划、行政，或者企业文化、党委宣传、内刊编辑，这些大量与文字打交道的工作就可以供你选择。鉴于我自己就是从国企的内刊编辑、文稿起草工作开始职业生涯的，所以，我着重从企业机关公文写作的角度来写写该提前做哪些准备。

01

入门篇：你需要几块敲门砖

从事文字工作有时候与专业真没什么关系，不是你学的是中文、哲学、历史，你就能获得这样的岗位。

换个角度说，不是你没有学文科专业，就不能应聘这样的岗位。

你如果有志于毕业后进企业机关从事与文字相关的工作，那么你最需要的是从现在开始就丰富自己的简历，为自己进入好单位弄几块靠谱的“敲门砖”。

这些敲门砖可以是你发表过什么论文、写过几篇文章、获过什么写作的奖项，也可以是自己在人人网上发过多少日志、在知乎上答过多少题。说白了，就是你要在你的简历中，展现你在文字方面的经验、特长以及爱好。

如果你读完大学什么东西都没写过，凭什么让人相信你能在工作后把文字工作干好？

我的大学同学S，毕业时去应聘某知名游戏公司的文案策划，他成绩一般、没有参加过学生会，最终打动面试官的，就是曾经给《九州》写过一些文章。这些文章，证明了他的文笔、他的想象力，还有，他为了写东西很能熬夜。

我在大学里曾有过一段很长的颓废时间，几乎一事无成，大学毕业前清醒过来，想来想去不知道自己能做什么，只好凭借自己一直以来的文学爱好，找了很多文学比赛投稿，疯狂写了一段时间，参加了好多比赛，其中一个还获了一等奖。

这些文章和奖项，对我毕业时找到一家央企总部的内刊编辑工作，至关重要。

所以，如果你对文字工作感兴趣，建议你从现在开始针对性地写点东西，多参加一些比赛，这些会对你将来找工作起很重要的作用。

更重要的是，在这个过程中，你也可以进一步检验自己到底适不适合从事文字工作。

02

基础篇：你需要几本秘籍

这种秘籍不是什么《公文写作500例》《手把手教你写文章》之类的，并不是说这些书是垃圾，而是这种东西，大概相当于程序员去买几本C语言、java应用之类的初级书，或者想当厨师的人买了一本菜谱，靠这种东西学成轮子哥或者大厨，不是不行，难。

模仿一流，自己可以成二流，但模仿四流，便只能不入流。凤歌曾经说，模仿就要模仿第一，所以他模仿金庸，取得了很大成功。真正值得模仿、能让你感到豁然开朗的“秘籍”，当然是Office、苹果iOS、微信源代码之类的，写代码的人拿到这种东西，简直就像是张无忌在悬崖下发现了“九阳真经”、郭靖得洪七公亲传“降龙十八掌”、岳不群在袈裟上发现了“葵花宝典”……

然而并没有什么用，因为你根本就拿不到！

写作也一样，就是要看原文、学原文。但是，写作与写代码还不一样，不管是《红楼梦》《罪与罚》这种传世经典还是国家领导人讲话、任仲平社评这种高级文稿，都可以免费看到。你所缺少的，只是如何选取而已。这里分享一点真正帮助我成长为单位笔杆子的核心东西，真正的干货：

一是历届政府工作报告。历届政府工作报告这些内容为我了解大公文的结构、逻辑关系以及用词习惯等打下了最早的基础。

二是几本很重要但有点冷门的公文刊物。推荐两本，一本叫《中办通讯》，里面刊发的内容基本都是政治局委员或者其他中央领导的讲话（有删减），规格很高，属于内部刊物，但其实可以订到。还有一本叫《学习活页文选》，是中宣部办的，里面的内容基本都是从《求是》《光明日报》《解放军报》等党刊党报里精选的文章，相当于已经有人帮你挑了一遍。最重要的是，非常便宜，每本只要两块钱，据我认识的中宣部的朋友说，印这本小册子他们是赔钱的，所以很少做宣传。

另外，那些问我看《人民日报》能否提高公文写作的，这里也回答一下，能，但并不是对每个人都能，因为《人民日报》的内容太杂、写法太多，你很难从中找到特别好用的东西，学学政策还行，要学写法还不如看《求是》。

三是大型企业的内部材料。网络的好处就在于资源流动，什么中国移动社会责任报告、华润年度总结之类的材料，在网上都能找到！只要你善于运用搜索，多用心整理，可以收藏很多特别优秀、出彩的材料，当你写作思路阻滞的时候，翻几篇看看，可能思路就来了。

03

进阶篇：你需要掌握几个门道

写作尤其是公文写作的门道很多，几乎每个从事公文写作时间长一点的人，都可以总结出自己一些独到的经验，比如我看到有人将公文写作按“皮（风格）、肉（内容）、筋（层次）、骨（框架）”掰碎了研究的。

我自己在给一些实习生或者参加国考的学生讲写作的时候，最爱用的则是这三个关键词：内容、写法、文采。

许多刚出校门的学生，用力都在文采上，写法不太懂，内容更是东拼西凑。

其实，一份成熟的文稿、能用的文稿，排第一的应该是内容，第二是写法，最后才是文采。你只有到了一定的境界后，文采才可能最重要，因为写法已经烂熟于胸，内容也是滔滔不绝，随意剪裁。

但从过关的角度看，第一关要过的应该是写法关，什么是写法呢，就是不同的体例采取不同的结构、不同的语气，适应不同的场景，比如总结报告经典的三段论（工作总结、经验教训、下一步安排等），这个最简单的方法就是去看和搜集，看大量别人的好文稿，全面了解各种文稿的不同写法，做到只要让你写一个文稿，你就知道它的结构是怎么样的，要怎么排篇布局等。

第二关，也是最重要的，是内容关。这又分两个部分，第一个是内容一定不能去找网上的东西，不能全部虚对虚（各种空话套话），你必须要有和实际工作相结合的东西，这就要求你对自己要写的内容非常了解，要去看相关的各种资料，比如一些企业的新闻报道、简介、历史沿革等，甚至私下里也要对企业最近的工作、战略产品等多做了解，这样才能让你写的东西有内容，让领导看了觉得不是随便凑的；另一个是，这些内容怎么去组合，用什么样的逻辑去剪接，这是很重要的，不是把内容放在一起就行了，这个很难，其实也是写的时候结合不同的体例多去做思考，写文稿没有捷径，就是多琢磨。

第三关，才是文采。但在我看来，你把事情说清楚了，把文稿写得非常扎实，那么文采只要略有一点就行，全篇各种排比、抒情，真当自己在写《滕王阁序》呢。

学会更好说话，我有四大法宝

这么多年，为了能在公开场合更好地说话，我已经尝试了很多方法，结果其实并不如意。

我在小学时就当班长主持班会，初中参加学生会竞选得票第一，大学时辩论赛最佳辩手，工作后经常演讲或发言，去地方调研还能跟省一级领导谈笑风生……见过的大风大浪、经过的锻炼够多了吧？

然而直到现在，到一个陌生的场合或是做一个重要的发言，我依然紧张到不行。为了解决这个问题，我甚至报了专门的演讲培训班，结果就是我在那个培训班上做到了毫不紧张、随意发挥，但换个场合还是很紧张，问题照旧。

我有时忍不住骂自己，你就真的不能不紧张吗？不能。

如果你也有跟我一样的问题，那么真相就是：接受这个事实。

讲话这个东西吧，很讲天赋，努力锻炼有用吗？当然有用，但没那么有用。这不是背单词，没什么速成法，通过锻炼确实能让自己更从容更自信，但要真做到从心所欲张口就来，需要很长时间的积累，即使许多成功大牛自己也说，在有些场合他们也难免紧张。

所以，接下来就是我要给你的 4 条建议，如何缓解紧张，逐步让自己在公开场合发言更自信、更强大。

01

“手中有粮，心中不慌”——重要时刻重要场合的讲话，请做好充分准备。

我曾经有一个惨痛的教训。那时刚工作不久，有一次单位组织一个比较重要的座谈会，我的直接领导考虑到我平时表现得很能说的样子，又年轻，就把这个机会给了我。应该说这是在大领导面前露脸的好机会，但因为我的直接领导通知我的时候已经是下班点，而座谈会就在次日早上，我不想加班，于是没有写发言稿，只是晚上的时候在脑袋里大致梳理了一下第二天要讲的内容。等到正式发言的时候，我不可避免地又开始紧张，而且更重要的是，因为没有准备稿子，导致我更紧张，只来得及把事先准备好的开头部分说完，后面的内容卡卡停停，我的声音也越来越小，并且嘴唇干涩、毫无逻辑，总之，由于自己没认真准备，造就了一次非常失败的发言。

所以，如果你面临的是一次比较重要的发言，事先你又知道，请认真做好准备，查资料、写逐字稿（是的，把讲的内容一个字、一个字写下来，尽量口语化）。写完后自己再念几遍，如果条件允许，最好背下来。到发言的时候，拿上稿子，如果不是很紧张，就尽量脱稿讲，如果还是很紧张，那就照着稿子念，这样做的好处是，即使你不能惊艳全场，至少也不会因为紧张一败涂地。

02

“模板在手，天下我有”——学会一些固定套路，能让你更好地掌控发言。

我读大学的时候英语稀烂，作文连句子都凑不好，到了考研的时候，没办法，只好去报了新东方。新东方的老师比较实在，一看我底子这么差，也不跟我提背单词、背美文、仿写句子之类的，而是直接告诉我，作文用模板。

讲话也是一样，许多临时发言的场合，你根本来不及准备，再加上紧张，很有可能到时候大脑一片空白，支支吾吾口不成言，怎么办？用土办法。学习一些固定的讲话套路，任何场合换个内容往上套就行，这样即使你不能让人觉得你说得很好，至少也能保证你不会一句话都讲不出来。

比如，我发现……我认为……我建议……我相信……

多看名人讲话，多学习几套临时发言的模板，关键时刻很顶用，而且用得多了，你可能也就有了这些名人的发言风格了。

03

“水平不够，故事来凑”——多搜集一些小故事，随时用出来。

事实上，在整个知乎，都已经讲故事成风了，许多故事得到大把大把的赞，这是为什么呢？

因为大家就是喜欢听故事。

所以，平时多搜集一些小故事（历史上的、别人的、自己的），不管是用心准备的演讲还是临时的发言，都很有用。因为，实在紧张得不行的时候，你会发现，讲一个跟主题相关你自己又很熟悉的故事（比如，我小时候……），你会很快进入节奏，不那么紧张了。而且，在诸如“谈谈中国梦”这种很难说出什么干货之类的主题上，你上来说“关于中国梦，我讲三点内容，第一点，第1-1点……”的效果好，还是缓缓开口说“关于中国梦，我要分享一个故事，某年，巴顿将军曾经……”的效果好呢？

如果你懂得举一反三，会发现，其实除了小故事，你还可以准备一些小段子、小幽默、小句子，熟读熟记，等到需要的时候自然“口到擒来”，既缓解自己可能因紧张讲不出话，也能提升讲话的吸引力，何乐而不为？

04

“田忌赛马，量体裁衣”——学会何时开口、何时沉默。

人有个特点，即使再不会说话的人，在一个自己特别舒适的场合，聊自己特别擅长的话题时也会聊得鸡飞狗跳，说出很有见地的话来。

之前，很多人一提到说要提高公开讲话能力，就是什么“疯狂战法”，比如利用各种场合逼自己发言啊，跑到人多的地方故意丢脸啊，企图用“暴力速成法”，打开嘴巴，快速提升说话能力。

有用吗？

当然有用，脸都不要了，还怕说话？

问题在于，这个方法的副作用很大，一不小心容易心理扭曲，更重要的是，并不是每个人都能做到这一点，我就是开不了口，怎么办？你把刀架在我脖子上，我也不会说话怎么办？

所以，我的建议是，人一定要量体裁衣，有策略地逐步提升表达能力。尤其是在开始阶段，请先根据自己所长，选择自己觉得舒适的场合，多表达，放肆说话，做到经验全收，在那些极端重要的场合而自己毫无把握的时候，尽量多学习、少开口（因为对大多数人而言，一次失败的发言经历，很有可能让他们终生都不敢在公开场合开口了）。

练习也如同田忌赛马，找自己擅长的地方用在不那么重要的场合，多找找自信，在非常重要的场合掩藏自己不擅长之处，多学学别人。最终达到“一开口，则座中皆惊”的地步。

放轻松，不要急，慢慢来。

在每一个场合，打造你的说话术

我觉得不太会说话，可能很多时候就是明明没话说，却偏要找话说，结果说的全是废话，自然不受待见。

所以，废话不多说，直接上干货，一共 9 条，就称为“独孤九言”吧。

（1）发言、讲话、研讨之类分享型的说话场合，最好抢在前面来说。这是因为人的注意力差不多也就能集中一两个小时的样子，越靠后，大家越没有精力去听你讲了什么，前面的人偶尔超时发言大家还能接受，但后面的人可能都没时间说什么了，所以，只要你认真准备了，靠前说比靠后说要好。

（2）演讲、面试类需要打分的说话场合，则恰恰相反，最好是在后面来说。一方面，前面的人没有参照系容易被打低分，人的心理也容易期待后面有更好的。在《我是歌手》这样的节目里，再大的明星都希望自己能在第六、第七位出场，就是这个道理；另一方面，就像前面提到的，人到后面注意力不会那么集中，这时候你的发言只要能唤起他们一点注意力，就很容易出彩。

（3）即兴发言时，有两种情况最让人绝望：一是说不出完整的句子，全程结结巴巴、断断续续，不停地“嗯，嗯，嗯，呃，呃，呃”，还有一种就是离题万里，洋洋洒洒不知所云。其实这两种都是因为说话时逻辑性不够，说出来的话全是断章残句，不知道你想要表达什么意思，所以开口前请先用三句话的方式，帮自己整理和概括下思路：我要说什么（发现了什么问题），为什么这么说（什么原因导致问题），说这些是为了做什么（有什么好的建议）。

（4）要想提高说话的逻辑性，就要在平时说话时，多关注下自己常用的连词。别只会不停地“然后……然后……然后……”“其实……其实……其实……”“但是……但是……但是……”“而且……而且……而且……”。学会在合适的地方用合适的连词，比如，表并列的时候用“同时”“况且”“何况”，表承接的时候用“于是”“说到”“此外”，表转折的时候用“然而”“偏偏”“不过”，表因果的时候用“原来”“由此”“以致”，等等，多掌握几个总没错。重要的是，当你发现自己没话说或者离题万里的时候，用一个合适的连词往往能圆回来——我就见过很多发言人说了一长段不知所云后，来一句“所以，我才要强调……”，至少让人乍一听，好像还挺有逻辑，能注意到你接下来要说什么。

（5）要想在人多的时候发言有“一鸣惊人”的效果，一定要在平常就准备一些小套路，熟能生巧后，什么样的场合都能套着就用，百试不爽。介绍几种常用的小套路：“故事导入”，准备几个常用小故事或者自己独特的经历（不超过 300 字），表达观点前先讲故事；“自我总结”，开口先对自己要说的话做个简短的总结，比如“我想了想，只有 3 句话要对大家说”“关于这个问题，我有 4 个层次的思路”等；准备几个逼格高一点的诗句或对联，在说话的时候点缀一下。

（6）陌生场合，开口的第一句话很重要，你说的话一分钟内吸引不了别人对你的关注，很容易就让别人对你这个人也失去了兴趣。在大家都不熟悉的场合，最能引起人注意的话就是打破常规的话。我在当面试考官时，有一次上午要面试 10 多个人，很疲惫，前面每个人进来都会说“各位面试官好”，最后一个人进来时说了句“各位面试官辛苦了，快中午了，希望我能用最短的时间让各位考官充分认识我”，一下子就让人印象深刻，也产生了浓厚的兴趣。

（7）很多人与领导或者德高望重的长辈谈话时，往往不知道从何说起，更怕自己瞎说话引起他们的反感。在这里我推荐两个思路：一是找兴趣，聊自己擅长的东西，从他们“接话”的情况推测他们的兴趣点在哪里，现在社交的本质很大程度上都是“兴趣社交”，而不是“关系社交”，看看贴吧、豆瓣、知乎有多火，而人人网、开心网怎么没落的就知道，领导、长辈也是人，不要总是去想你们之间是什么关系，聊兴趣才能让大家聊得进去；二是找问题，要想从他们那里得到真正的真知灼见，就一定要多从问题出发来聊事儿，甚至为了让他们开口，你还可以主动暴露自己的问题，先聊一件最近发生的很轰动的事情，然后谈自己的看法，故意暴露自己在信息搜集、思想观点上的不足，这会给他们指点你的机会，很容易打开话匣子，抛砖才能引玉。

（8）请记住，夸奖别人或者批评别人都是一门技术活。第一，不是每个人都能接受你“真诚”的批评。大部分人吃西药都只能接受外面有包衣的“胶囊”，所以你想在说话时批评别人，最好婉转一些，最常用的手法就是用肯定来表达否定，不是批评这个不好，而是建议怎样更好；第二，夸奖别人有两种，一种是私下里一对一的夸奖，这个只要做到真诚、有一说一就行了。还有一种是在公开场合夸别人，这个最好是通过具体的事情，放大某人在整个事情中的作用来夸人，比如“这段文章您改得特别好，感觉读起来顺了很多”。另外，特别要注意的是夸人最好是背后夸，批评则绝对不行。

（9）上面几条，都是我和某个朋友闲聊时，口头临时总结的，写下来后才发现其实并不严谨也不全面，但当时朋友听得津津有味，而且觉得很受启发，这就揭示了关于说话的一条最颠扑不破的道理：你不能指望你说的话像论文那样严谨、全面、逻辑严密，事实上，你只要让你说的话有一定结构（比如我前面说的“独孤九言”），中间有一些闪光点，能把自己想说的表达出来，就很容易让人记住了，真的不需要太长。

如果实在不知道该如何说话简短，又能让人记住，那就记住“开口三句话”，只说三句，反而容易让人记住，又不讨人嫌。

最后，就像是《笑傲江湖》里，风清扬传授令狐冲“独孤九剑”时，反复强调的：招是死的，人是活的。

上面的9条都是技巧，关于说话最终极的法则可能只有一条，那就是——在适当的场合，讲合适的话，否则就老老实实听别人怎么说。

如何通过碎片化的阅读，系统地储备知识

我们先换个角度看，什么是不碎片化的阅读?

每天看看 10 大新闻、了解下 32 条重要八卦、看半小时罗辑思维、学习下纵横职场的 9 个方法、试验下快速瘦身的 9 个绝招、浏览下知乎的今日热榜……你觉得你学到了好多东西，又对这个世界、这个社会多了几分理解，地铁上、厕所里、午休时，每天都在看，看了那么多，总有点什么用吧。

不好意思地告诉你，以上，大部分都是错觉。

因为不管你通过这种方式看了多少东西，90% 你都可能记不住。剩下的 5%，可能今天记住了，明天也会忘。而最后的 5%，就算一直没忘，也会一直没用。

不信，各位看看自己的知乎收藏夹，里面收藏了多少当时觉得“真牛，一定要好好研究”的内容，又有多少内容自从收藏后就再也没有点开过。

很多人都觉得碎片化阅读就是在随意的时间读点随意的内容，与之相反，则希望能有大把大把的时间读大卷大卷的书——可以

称之为“块状阅读”。但事实上，碎片化阅读与块状阅读最大的区别不在于时间长短，也不在于内容怎样，而是没有体系性。

什么叫体系性？系统地说起来，又得是长篇大论，为便于理解，我们举一个例子。

大学的时候，我一个学训诂学的同学，曾经请教他们一个很年轻的副教授一个问题，很有意思，那是古文里的一句话：“都城过百雉，国之害也。”这里面，“雉”这个字很难理解，因为无论从字面意思还是字典意思，“雉”都是指野鸡，但“都城过了一百只野鸡”这是啥意思啊，理解不通啊。

我同学说，是不是可以理解成“一百只野鸡从都城上空飞过，非常不吉利，国家要出大事”——我个人觉得，这样似乎也说得通。

年轻的副教授瞬间感到头上有一万只野鸡飞过。

副教授之前是这个专业的博士生，毕业后又进了博士后流动站，功底挺深厚，他透过厚厚的眼镜片看了看我同学，摇摇头：“不能这么理解。”他想了想说：“这里呢，这个‘雉’啊，虽然是野鸡的意思，但在这里不能这么理解，我们都知道野鸡有个特点，什么特点呢？”

副教授抬头看了看我同学，见他没反应，又自己回答说：“那就是飞不远。古人没什么计量单位，他们就把野鸡每次飞的距离当成一个固定的长度单位，称为一‘雉’，所以，这里‘都城过百雉，国之害也’，就是说都城的周长有野鸡飞一百次那么长，是一座大城了，不好管，所以是国家的祸害。”

教授的功底真是深厚啊，我同学当时想。很长一段时间，他都把这个解释当成了金科玉律。

直到有一次无意中向他们院的院长说起来，院长是这个领域的宗师级人物，听到这个解释，又好气又好笑，把同学和那个年轻的副教授都狠狠骂了一顿。然后，我同学才知道，“雉”在这里与野鸡一毛钱关系没有，是另一个古字“纼”的通假字，而“纼”是指系牛鼻子的长绳，转用作丈量工具。

据同学说，他们只是无意中聊起这个话题，而院长不仅指出他的错误，而且不假思索地说出这句话出自《左传·隐公元年》的哪个地方，有哪些大家做过注解。就这一个字，老先生讲了一下午……

我同学他们学的训诂学，也叫小学，是真正的国学，学好这门学科没别的路，就是不断地读书和钻研。那个副教授和院长之间的差距，叫功底，也叫知识体系。

这个故事因为太过经典，我一直记在脑子里，每当我要研究某个东西的时候，总会想起“一百只野鸡飞过的距离”这个笑话。

要想把一门这样的学科真正钻深、钻透，随时看看、随便学学是不行的，别说 1 万小时定律，10 万小时都不行，这需要持续地将整段整段的时间投入其中，许多人用了一辈子的工夫来读书学习，也只是有一点点的成就。在这样的学科领域里，碎片化阅读不仅无用，反而有害，读得多了，以为自己什么都懂一点，实际上却离真正的学懂差得越来越远。

但我们又不得不承认，这样的学科在我们的生活里并不多见，我们又不是真的要去考古或者当国学大师，就想大概了解下这方面的知识而已，难道非得要把一辈子都投进去？

我既不想也没有那么多时间来这样体系化地学东西，真把自己当专家，但也不想只是随便看看，啥东西都没学到，有没有办法将碎片化阅读和体系性结合起来呢？

可能有，至少我和身边的一些朋友就一直在用这种方法来看书学习。

除开把一本书下到手机里抽空看这种“伪碎片化阅读”外，我这里所指的主要是如何通过手机或其他终端在各种时间、地点，阅读微博、微信、知乎、豆瓣之类内容的同时，建立相关的知识体系，其核心就是一句话“碎片化阅读 + 条块化整理”。

当我在上下班途中或午休刷手机时，无论我正在看知乎还是微信，我一定会打开一个便签工具，随时将所看到所想到的觉得有必要深究的东西在便签里记一笔，便签我做了分类，比如：逻辑 & 心理学、职场 & 创业法、政治 & 经济学、中国历史……

记录的方式大概是：心理学——情绪控制——情绪控制的生理学机制（来自知乎，链接……）。每当我有整段的时间或者便签里的内容条数超过一定数量的时候，我就会抽出时间进行整理。

整理的方式第一步——看。看我当时的记录，搜索查询所涉及的书目、内容是否真的对我有用，如果只是当时一时兴起的记录就直接删了，这一步很重要，大部分当时觉得有意思的东西再看往往觉得没啥用了。

而如果再看也觉得有用就进入第二步——存。不管是通过 IE

收藏网络地址，还是通过 Word 下载文档，甚至只是用个 TXT 记录下要看的几本书，都是要把这些碎片化的知识成体系化地整理记录下来，而且只拣最精华的。

第三步，也是最关键的一步——输出。当你整理完了，看了学了，就要把这些东西作为己用，用作自己的输出，知乎答题的素材、写作的源头、演讲的小故事，不管什么方法，要把整理的这些东西用出去，否则，看来何用？

第四步——再整理。对一些长期用不到却又觉得总有一天会用到的东西我会单独存到一个位置，偶尔看看，把位置留给那些更常用的内容。

上面这些方法，说来其实很简单，但真正怎么做真的是个人习惯，而且，重要的事情是：如果你平时喜欢随便读读看看，只是为了舒缓神经、陶冶情操、娱乐自己等，那么，请别给自己“找麻烦”。

从零开始，搭建属于自己的思维体系

——朋友告诉我，当年情窦初开，一直相信“唯有真心才能打动人”，结果惨遭女神拒绝，后来看到许多渣男用尽手段反而抱得美人归，及至无意中了解到了“泡学”，感觉自己再也不敢相信纯粹的爱情了。

——有很多人问我：“学长，是不是要会来事儿的人才能在职场吃得开，我发现我的性格太老实总是吃亏，想去改变但又怕自己变成自己曾经讨厌的人，怎么破？”

——初中时我读《厚黑学》，三观震碎，坚定地认为“古之成大事者，无不脸厚心黑”，后来再看到“乔布斯”等人的传记，又觉得“整天沉浸在与人争斗中毫无意义，人的一生应该投入到更有价值的事情中”。

……太多了，人是社会的动物，同样也是情感的动物，人的一生都处于内在与外界的不断接触、交流过程中，所有上述的东西都在时时刻刻改变着你的想法、你做人处事的方式、你的行为举止。而归结起来，对人的内在观念影响最深刻的就是三方面内容：（1）你所经历的特定的人、事；（2）内在的思考和总结；（3）外在信息的输入影响。我刚举的几个例子，正好分别对应了这三点。

虽然，我们终其一生都免不了受到上述三方面内容的反复影响和触动，但有很多人可能当下会感触很深、有过一些想法，时过境迁很快就又忘了，永远难以从中汲取有用的营养；另一种人，学会了“吃一堑长一智”，但形成的却都是碎片化的经验和想法，看似懂得很多道理、说起很多东西来头头是道，但并没有形成更高层面的思维体系，也没有去探究其中蕴含的规律；还有一种人，他们在这过程中，或以实践经验为基础反复分析、总结、提炼，或借助一些书籍（思维工具），或得到高人指点，逐渐形成一套自己完备、自洽的思维体系，为人处世均有自己独特的一套法则，他们的人格完善而独立。他们是这个社会里能真正做到控制自己的人。

我自己大概是从大学毕业前夕开始专门思考和研究这些东西的，更系统性地去回溯和整理了那些年里我所有经历的事情，我认识的人、看过的书，我吃过的亏、体验过的成功，特别是过去形成过的各式各样、乱七八糟的想法，一点一点地去反复分析、探寻源头，去努力将它们融会贯通，搭建一个全新的框架。

在这些年里，这样的思维方式帮助我从一个颓废、狭隘、屡次失败的贫寒大学生快速成长为了职场里的中层领导，获得了工作上的持续进步，不仅实现了在大城市里安家立业，更认识了许多志同道合的优秀朋友。

而这样的巨大改变，一共用了我 5 年时间。

当年，我开始尝试搭建新思维体系的时候，去图书馆看了不少心理学、社会学的书，希望从中找到借鉴，后来发现那些心理学的研究太过学术和繁复，对我这种门外汉而言极不实用，所以最终从自己熟悉的武侠小说里，借鉴了几个简单术语，形成自己最终的体系构建。

真的很简单，就是六个字：招式、内功、心法。

这六个字代表了这个体系不同的层次和维度，却又是一体化的。就像是李寻欢的飞刀一样，你用什么样的手法、什么样的姿势去扔飞刀是在招式的层面；你拥有怎样的实战经验、内力深浅，这是内功层面；但小李飞刀之所以与众不同，核心还是在心法层面，他每次用刀都是救人，他始终抱着一种爱的精神在用飞刀。

但不管怎样，小李飞刀例无虚发，是因为每次出刀都灌注了他所有的精气神，是他心法、内功、招式一体化的最终结果，这也是路小佳之流永远也学不会的原因。齐白石敢说“学我者生，似我者死”，也是因为你最多只能学到他的技巧，但他几十年绘画的独特经验、他画画时的思考和精神境界，你永远也学不了。

心法是境界和观念，内功是经验和学识，招式是工具和手段。

下面，我就分开来做详细阐释。

01

心法

“心法”是一个武侠小说术语，用马克思主义哲学来讲就是世界观、人生观和方法论，就是你看世界的思维、做事情的总指南。建立自己的心法后，在面对诸如“金钱和爱情”“人生的价值和意义”“道德和利益”之类的两难问题或人生抉择时，你都将会有自己坚定不移的答案。

这些年里，从看待世界到面对生活、对人对事，我都已逐渐形成了一个系统的看法。

比如，在对待生活方面，建立的最重要心法就是八个字——“颓而后振，破而后立”。它让我坚信一个人是可以从颓废中走出来的，人生每一次低谷都是在为新的奋起积蓄力量。换句话说：人生没有真正的低谷。

过去我之所以一败再败，陷入失败的悔恨痛苦难以自拔，就是因为我总以为一次关键性的失败就可能让自己永远站不起来，总是在面对挫折时怀疑自己、怀疑人生。

但当我建立了这样的心法后，我很难再将一时的失利放在心上，相反会将遇到的困难和挫折看作让自己检讨问题、重新振作的一次好机会。

《笑傲江湖》里风清扬对令狐冲说“招是死的，人是活的”就是这个道理，你遇到的客观事情和问题是不会变的，但不同的心法却会让你得出完全不同的结论，采取完全不同的做法，导致完全不同的结果。

值得一提的是，心法这个东西，与时代无关、与年龄无关，一个四五十岁的人即使积累再多生活的经验也可能在思考上非常浅薄，有些伟人则可以在 20 多岁时，就已经形成了自己独特的思维体系和人格；现代人每天拿着手机天天看东西，接受各种信息的冲击，但思考的层次、境界可能还远远赶不上 2000 多年前的古人。

至少我在看庄子、韩非子、柏拉图等的时候，总不时为他们思考的广博精深而惊叹。

心法这种东西，明白就是明白，不明白就是不明白，对这感兴趣的，可以看看我关于如何改变自己的三重境界说。

02

内功

《笑傲江湖》里还有这么一段。

令狐冲寻思："原来本门武学如此厉害，任何一招剑法在师父手底下施展出来，又有谁能破解得了？"又想："后洞石壁上刻了种种图形，注明五岳剑法的绝招尽数可破。但五岳剑派却得享大名至今，始终巍然存于武林，原来各剑派都有上乘气功为根基，剑招上倘若附以浑厚内力，可就不是那么容易破去了。这道理本也寻常，只是我钻入了牛角尖竟然忽略了，其实同是一招'有凤来仪'，在林师弟剑下使出来，又或是在师父剑下使出来，岂能一概而论？石壁上使棍之人能破林师弟的‘有凤来仪’，却破不了师父的‘有凤来仪’。”

同样一招“有凤来仪”，在岳不群和林平之剑下使出来之所以不一样，后者欠缺的就是这个“内功”。

我刚毕业时在单位的人事部门实习，当时全公司都在搞绩效考核，其中最核心的一个东西叫“平衡计分卡”，但是推行得矛盾重重乱七八糟；后来花重金请了咨询公司来推，他们使用的也是“平衡计分卡”，但效果就是很好，推行得也很顺利。

同样的“平衡计分卡”，最终呈现出截然不同的效果，这中间差的也是“内功”。

如果说，心法是为你做人做事定下了基本的法则，那内功就是在不断实践中积累的经验和火候。修炼内功不是闭门造车，关起门来搞小周天、大周天，而应该是不断和外部进行交流，汲取各方面的知识和经验。

你看过的书是修炼内功，你走过的路是修炼内功，你和谁交往聊天也是修炼内功，你要像学了“吸星大法”一样，如饥似渴地吸收各种内力。但如果只是像任我行一样吸内力，最终结果可能也会像他一样，太过乱七八糟，自己都镇压不住，矛盾重重，所以要吸高手的内力，不要吸低手的内力。（选择高质量的输入）

要系统化地吸，不要碎片化地吸。（要建立自己的知识体系）

吸来的内力就要用，使其真正成为自己的东西。（要在实践运用中不断去粗取精）

03

招式

武侠小说里，招式就是你用来攻击或防守的具体手段，比如有凤来仪、黑虎掏心、猴子摘桃，又比如黄飞鸿教十三姨的几招防身术“插眼锁喉扭腰马”，也都是。而在生活中，就是指你直接与外部沟通的手段、做事的方式、使用的工具。

在这个体系中，招式有两个层面的含义：一个层面是，不同的招式更适宜不同的心法，比如武侠小说中不同性格的人，使用的招式都不一样。萧峰、郭靖等大侠就一定要用降龙十八掌这种大气磅礴、正大光明的武功；段誉这种文弱书生就要使用凌波微步之类灵巧的武功；丁春秋这种老奸贼当然要用毒用邪招；而像令狐冲这样浪荡江湖的，潇洒、飘逸的独孤九剑当然最适合他。另一个层面是，习练不同的招式，有助于增强自己某方面的内功，修炼某方面的心法。

比如我原本喜欢作诗，后来喜欢跑步，显然跑步更适合我去建立“颓而后振、破而后立”的心法。

其实，这些年我在写作、人际交往、口头表达、PPT 动画、Excel 高级图表、影像制作以及各类职称考试等与工作职场相关的招式上都用心钻研过很多，也分享了不少干货，但最近却越来越发现：如果没有建立你的思维体系，光是学招式根本得不到真正的进步。你不会明白你学了这些东西有什么用，对人生能造成什么长远的影响。

要知道，你不是为了工作、收入之类的东西才去学这些招式，它们都是你修炼和增强内功的途径，是你实现和验证心法的工具和手段，最终体现提升效果的都是你自己。

在整个过程中，你需要努力将自己抽象出来，想象自己是一台没有装机的电脑，要如何给自己重写底层代码（心法），升级操作系统（内功），安装各种应用（招式）。

整合内心冲突、建立框架只是基础，要想稳定有效，靠的就是后续的不断实践和完善了。

后记
如何在工作 18 个小时后，写完一本书

18 岁，我经历了一次失败的高考。

当唇下那层薄薄的皮肤再挡不住几根胡须毛手毛脚地往外钻的时候，我写完了人生第一本 16 万字的长篇小说。

这以后的 10 年里，却再也写不出完整的文字来。

戏谑人生的段子、只言片语的感慨、福至心灵的突然领悟……这些东西在电脑里存了数百个文档，全都不成篇章，支离破碎，一如我曾拥有的大把大把的青春时光。

直到大学毕业开始工作后，我才第一次和自己认真较劲。

我努力从自己一塌糊涂的业余时间中，一块块地切割出完整的时间段来，再把这些时间慷慨地分给我一直想做却没有做的事情：学钢琴、练武术、上摄影课、看书、写作……

我第一次发现，原来我还拥有这么多的自由时间。原来，我还可以做这么多随心所欲的事情。

我在这些自由时间里所做的事情，都像是给自己的未来撒了很多颗种子。

我不知道最后哪一颗会发芽，也不知道究竟哪一颗会最终改变我的生活和命运。但我却知道，种子撒得多了，总有一颗会在你不经意的地方发芽成长、灿烂绽放。

就像眼前的这本书。

这些年来，我一直想写一本很厚的书。

为了写那本书，我看了很多更厚的书，结果就是看过的书越来越厚，但想写的东西却离我越来越远。

随着工作年限的增长、职位的提升，无数的人和无数的事相互交织，挤压着原本就少得可怜的时间。每年年底，在最忙的几周时间里，我曾经有过多次连续半个多月每天工作时间超过 18 个小时的经历。

即使是平时的工作日，我每年也有将近 200 天住在单位或者出差住在酒店。

所以，当我看到畅销书《休活》里教大家如何利用周末节假日的休息时间来积累经验阅历的时候，感到一阵好气：作者难道不知道，这个世界上有很多人的工作其实并没有固定休息日吗？

但就是在这种工作状态里，我仍一点一滴地在知乎、微信公众号里不知疲倦地写着东西。

原因很简单：想写。

这些年一路往前奔，我走过了太多的弯路，错过了太多的风景，但也经历了很多、收获了很多，有太多的心得和感悟想要和大家分享。

因为有想做的事情在等着自己去做，所以我分外珍惜我所拥有的时间。在工作的间隙、上下班的途中、入睡前的最后一段时刻，我用手机、便携本记录下了彼时彼刻迸发的想法，哪怕只是几句话、一个新的观点。再在偶尔不加班的日子里，一点点地汇集成一篇完整的文章。

这本书里所有文章，大概就是用这种独特的方式写出来的。

算起来，这本书 5 个章节，总数是很奇葩的 49 篇文章。看起来很不完美，事实上，取的是《周易·系辞》里的说法："大衍之数五十，其用四十有九。"

50 乃完满之数，当数处 50 时，天下万物各处其本位，可是当少了 1 个数，变成 49 时，便可以千变万化，生出无穷无尽的可能出来。

人生也是如此，从来也没有什么圆满的境地，面对现状的不满足才是追求更好未来的最强大动力。

没办法，现实往往就是这样，我们要往前多走很多步，才能到得了这看起来就在眼前的一步。

所以，这本书里的所有不圆满，以及因时间原因我没能写得更透彻、讲得更清楚的话，都留待下一本书吧！

最后，非常感谢我的出版人和王薇女士，没有她尽职尽责地鼓励和催促，我可能很难在这么短的时间里完成这本书的全部书稿；感谢我最亲密的爱人和朋友：我的母亲、阿雅、建哥、公子小白、缺月梧桐、马尔文、大海、公周兄、罗胖子……是你们一直陪伴在我身边，给予我难以计数的帮助。

人生漫漫，你们将会继续温暖我未知的长路。